ACTUALITÉS SCIENTIFIQUES.

LA MÉTÉOROLOGIE

APPLIQUÉE A LA

PRÉVISION DU TEMPS

Leçon faite, le 2 mars 1880, à l'École supérieure de Télégraphie,

Par M. E. MASCART,

Professeur au Collège de France,
Directeur du Bureau central météorologique,

RECUEILLIE

Par M. Th. MOUREAUX,

Météorologiste au Bureau central

PARIS,

GAUTHIER-VILLARS, IMPRIMEUR LIBRAIRE
DU BUREAU DES LONGITUDES, DE L'ÉCOLE POLYTECHNIQUE,
SUCCESSEUR DE MALLET-BACHELIER,

Quai des Augustins, 55.

1881

LIBRAIRIE DE GAUTHIER-VILLARS,

QUAI DES AUGUSTINS, 55, A PARIS.

ENVOI FRANCO DANS TOUS LES PAYS FAISANT PARTIE DE L'UNION POSTALE.

LA MÉTÉOROLOGIE

APPLIQUÉE A LA

PRÉVISION DU TEMPS.

Leçon faite, le 2 mars 1880, à l'École supérieure
de Télégraphie,

Par M. E. MASCART,

Professeur au Collège de France,
Directeur du Bureau central météorologique,

RECUEILLIE

Par M. Th. MOUREAUX,

Météorologiste au Bureau central.

In-18 JÉSUS, AVEC FIGURES DANS LE TEXTE ET 16 PLANCHES EN COULEUR.
PRIX : 2 FRANCS.

L'application de la Météorologie à la prévision du temps est de date toute
récente; elle ne pouvait, du reste, devenir réellement pratique avant que
la Télégraphie électrique eût facilité l'établissement de communications
nombreuses et rapides entre les principales cités du globe.

Dans l'état actuel de la Science, les prévisions météorologiques sont en
effet subordonnées à la Télégraphie électrique, qui permet de réunir en
quelques heures les éléments nécessaires à la connaissance de la situation
atmosphérique sur une grande étendue et de suivre, dans leurs étapes
successives, ces grands tourbillons aériens qui ont reçu les dénominations
de *dépressions barométriques, bourrasques, cyclones,* et dont le transport

à la surface du globe est le phénomène le plus net qui puisse guider actuellement dans les prévisions.

Le réseau des observations centralisées par télégrammes au Bureau central météorologique comprend cent vingt stations, disséminées à la surface de l'Europe et du nord de l'Afrique, depuis Bodo, dans la Norvège septentrionale, jusqu'à Laghouat, au sud de l'Algérie, et depuis l'île Madère jusqu'à Moscou.

La discussion de ces observations, la comparaison des Cartes météorologiques du jour avec celles de la veille, la marche des instruments à la station centrale, telles sont les principales données du problème de la prévision.

Le Volume que nous publions contient l'exposé de la méthode qui sert de base aux avertissements météorologiques, maritimes et agricoles; il est illustré de seize Cartes choisies pour l'explication des caractères et des propriétés des bourrasques, et s'adresse surtout aux correspondants des Commissions météorologiques départementales, aux lecteurs du *Bulletin international* et des journaux qui donnent chaque jour les *Cartes du temps* du Bureau central, aux observateurs, et, en général, à toutes les personnes qui s'intéressent à la Météorologie.

Il nous suffira de reproduire ici la *Table des Matières* et d'expliquer le titre des *Cartes*.

Table des Matières.

I. Introduction. Organisation du Service en France. — Historique du Service météorologique; la tempête de Balaclava. — Bulletin international. — Avertissements maritimes. — Avertissements agricoles.

II. Bases de la prévision. Caractère des bourrasques. — Forme, étendue, rotation et translation des bourrasques. — Loi de Buys-Ballot; applications pratiques. — Rotation locale du vent. — Gradient barométrique. — Relations mutuelles des différents éléments météorologiques. — Zones de hautes pressions ou anticyclones.

III. Exemples de bourrasques. (*Voir* Cartes.)

IV. État actuel des prévisions.

Cartes.

Planches I à IV. — Mouvement moyen de translation des bourrasques à la surface de l'Europe. — Signes de l'approche et de la disparition des mauvais temps. — Prévision du vent, de la pluie, des orages, etc.

Planches V à X. — Cyclone stationnaire; son développement. — Conséquences pratiques pour la prévision.

Planches XI et XII. — Cas d'une bourrasque dont le centre passe au sud du point d'observation. — Tempête de neige des 4-5 décembre 1879.

Planche XIII. — Prévision des orages.

Planche XIV. — Dépression secondaire; importance au point de vue des pluies et des coups de vent.

Planches XV et XVI. — Distribution simultanée de la pression et de la température à la surface de l'Europe le 16 décembre 1879. — Caractères des zones de hautes pressions ou anticyclones. — Prévision du beau temps, des grands froids.

8642   Paris. — Imprimerie de GAUTHIER-VILLARS, quai des Augustins, 55.

LA MÉTÉOROLOGIE

APPLIQUÉE A LA

PRÉVISION DU TEMPS.

6418   PARIS. — IMPRIMERIE DE GAUTHIER-VILLARS,

Quai des Augustins, 55.

ACTUALITÉS SCIENTIFIQUES.

LA MÉTÉOROLOGIE

APPLIQUÉE A LA

PRÉVISION DU TEMPS

Leçon faite, le 2 mars 1880, à l'École supérieure
de Télégraphie,

PAR M. E. MASCART,

Professeur au Collège de France,
Directeur du Bureau central météorologique,

RECUEILLIE

Par M. Th. MOUREAUX,

Météorologiste au Bureau central.

PARIS,

GAUTHIER-VILLARS, IMPRIMEUR-LIBRAIRE
DU BUREAU DES LONGITUDES, DE L'ÉCOLE POLYTECHNIQUE,

SUCCESSEUR DE MALLET-BACHELIER,
Quai des Augustins, 55.

1881

LA MÉTÉOROLOGIE

APPLIQUÉE A LA

PRÉVISION DU TEMPS.

I. — Introduction. Organisation du service en France.

L'application de la Météorologie à la prévision du temps est de date toute récente; elle ne pouvait du reste devenir réellement pratique avant que la télégraphie électrique eût facilité l'établissement de communications nombreuses et rapides entre les principales cités du globe. On se souvient encore de l'ouragan qui, le 14 novembre 1854, assaillit les flottes alliées dans les eaux de la mer Noire et amena la perte du vaisseau français *le Henri IV ;* des coups de vent avaient éclaté simultanément ou à un jour d'intervalle en Algérie et jusque sur les côtes de l'Europe occidentale : le phénomène s'était donc étendu sur une grande surface. Une circulaire fut adressée par Le Verrier aux astronomes et aux météorologistes de tous les pays, les priant de transmettre à l'Observatoire de Paris les renseignements qu'ils auraient pu recueillir sur l'état de l'atmosphère pendant les journées du 12 au 16 novembre. La discussion des nombreux documents fournis par cette enquête montra que la tourmente avait traversé l'Europe du nord-ouest au sud-est, et que si, à cette époque, un télégraphe électrique eût existé entre Vienne et la Crimée, nos armées et nos flottes auraient pu être prévenues à temps de l'arrivée de l'ouragan et prendre les mesures que commandait la situation.

Cet événement a montré, sous une forme particulièrement saisissable, que les tempêtes ne sont pas des accidents isolés ; elles se rattachent à des phénomènes d'une vaste étendue, qui se transportent à la surface du sol suivant certaines règles et dont on peut prévoir la marche. L'utilité d'un service régulier d'avertissements en vue de la protection des intérêts maritimes était mise en évidence du même coup. Dès l'année 1856, treize stations réparties sur les diverses régions de la France adressaient chaque jour un télégramme météorologique à l'Observatoire de Paris ; onze autres expédiaient leurs observations par la poste. Vers la fin de l'année 1857, on commença à insérer ces documents dans le *Bulletin international,* publication qui devint quotidienne le 1er janvier 1858, et qui paraît régulièrement depuis cette époque. Les premiers essais d'avertissements aux ports datent de 1860. Malgré les difficultés et les

résistances de toutes sortes que rencontra la mise
en pratique d'une idée aussi neuve, le réseau s'éten-
dit peu à peu, et dans le *Bulletin* du 23 novembre 1863 on trouva pour la première fois une
carte synoptique de la situation atmosphérique à
la surface de l'Europe.

Prévenir les marins de l'arrivée des gros temps,
tel était avant tout le but de l'entreprise. La discussion des observations recueillies dans les stations
françaises eut bientôt montré que les phénomènes
sur lesquels doivent se baser les prévisions s'étendent le plus souvent sur une grande partie de l'Europe. L'Observatoire de Paris sollicita donc et obtint
successivement le concours des nations étrangères,
assurant en retour la publication régulière des observations transmises par le télégraphe. Nous ne sau-
rions mieux faire que de rappeler les termes de
la lettre que Le Verrier écrivait le 4 avril 1860 à
M. Airy, directeur de l'Observatoire de Greenwich :

« ..... Signaler un ouragan dès qu'il apparaîtra
en un point de l'Europe, le suivre dans sa marche
au moyen du télégraphe, et informer en temps
utile les côtes qu'il pourra visiter, tel devra être
en effet le dernier résultat de l'organisation que
nous poursuivons. Pour atteindre ce but, il sera
nécessaire d'employer toutes les ressources du réseau européen, et de faire converger les informa-
tions vers un centre principal, d'où l'on puisse
avertir les points menacés par la progression de la
tempête..... »

Dès le début, les avertissements du temps avaient été créés pour le bénéfice exclusif de la marine; la direction et l'intensité du vent probable, qui sont principalement ce que les marins ont le plus d'intérêt à connaître, se rattachent en effet à des phénomènes généraux dont les diverses phases peuvent être prévues actuellement avec une grande approximation. Mais l'extension du service au profit de l'agriculture présente plus de difficultés; les agriculteurs s'inquiètent assez peu, en général, de l'intensité du vent; ce qui leur importe surtout, c'est de connaître la probabilité de la pluie, des orages, de la grêle, des gelées blanches, etc., suivant les saisons. Or ces phénomènes, liés, il est vrai, aux mouvements généraux dont il sera parlé plus loin, sont modifiés dans une large mesure par les influences locales, telles que la configuration du sol, la distance à la mer, le mode même de culture, etc., influences qui sont encore mal déterminées aujourd'hui, en sorte que les prévisions, dans un grand nombre de cas, ne sont pas susceptibles d'une approximation aussi grande que celle de la probabilité du vent.

Tandis que le service des avertissements maritimes était inauguré en France dès 1860, c'est seulement en 1876 que les premiers avertissements agricoles furent transmis, à titre d'essai, dans trois départements seulement : le Puy-de-Dôme, l'Allier et la Vienne. Les résultats obtenus pendant la première campagne conduisirent à généraliser la mesure; les populations paraissent y attacher un intérêt croissant et aujourd'hui, grâce au concours du Ministère des Postes et dés Télégraphes, le service fonctionne dans tous les départements.

La prévision du temps à courte échéance s'appuie principalement sur l'étude des dépressions barométriques.

Dans les temps de calme, la hauteur du baromètre, ramenée au niveau de la mer, varie très peu dans une grande étendue de pays. Les courbes qui passent par les points où la pression est la même, ou les courbes *isobares,* sont des lignes à peu près parallèles dont la forme est déterminée par des causes permanentes, telles que l'inégal échauffement de la Terre par le Soleil, la distribution des continents et des mers. En Europe, par exemple, la pression diminue en général du Sud au Nord.

Il arrive souvent, au contraire, que la pression atteint un minimum sur une certaine région, pour augmenter autour de ce centre dans toutes les directions d'une manière plus ou moins régulière. C'est une dépression barométrique ou, comme on la désigne souvent, une aire de basse pression.

Si l'air avait une densité constante, l'atmosphère en temps calme serait limitée à sa partie supérieure par une surface presque parallèle à celle du sol, tandis que les aires de basse pression dénoteraient la présence d'affaissements de la surface atmosphérique en forme de cônes renversés, analogues aux concavités que les remous produisent souvent à la surface des cours d'eau.

L'analogie des deux phénomènes est presque complète, sauf cette différence que les changements de pression dans l'air tiennent à des variations de densité et non à une modification de la surface terminale.

De même que les tourbillons sur une rivière sont animés d'un mouvement de rotation et suivent le courant général, de même aussi les dépressions atmosphériques sont accompagnées d'un vent qui tourne autour du centre, et elles se transportent dans un certain sens.

Ces grands mouvements tournants, qui peuvent amener des perturbations profondes dans les différents phénomènes météorologiques, sont désignés, suivant leur importance, par les noms de *dépressions simples*, *bourrasques* ou *cyclones;* nous emploierons l'une ou l'autre de ces dénominations, sans y attacher toutefois une idée absolue de gradation.

Une *bourrasque* désignera un tourbillon nettement défini et d'une certaine énergie, et nous réserverons le mot de *cyclone* pour les plus grandes perturbations.

Le transport des bourrasques est le phénomène le plus net qui puisse actuellement servir de guide dans les prévisions ; il est donc nécessaire d'en étudier les propriétés, de distinguer les signes auxquels on peut reconnaître leur approche, et d'interpréter les indications qui doivent conduire à prévoir le sens de la translation.

On n'est pas encore bien fixé sur le lieu d'origine et le mode de formation de ces immenses tourbillons atmosphériques, qui voyagent d'un continent à l'autre et semblent quelquefois faire le tour du globe; il paraît même établi que des causes multiples contribuent à les provoquer; mais, quel qu'en soit le point de départ, on sait du moins que dans nos régions de l'Europe occidentale, et plus généralement à la surface de l'hémisphère nord, ils marchent en moyenne d'un point compris entre le Sud-Ouest et le Nord-Ouest vers un point compris entre le Nord-Est et le Sud-Est, la direction de l'Ouest-Sud-Ouest vers l'Est-Nord-Est étant la plus commune. Les trajectoires du centre de la dépression passent *habituellement* sur le nord des îles Britanniques, en gagnant la Norvège; elles s'abaissent quelquefois jusque sur la Manche, et quelques-unes même traversent le midi de la France. D'autres dépressions, beaucoup plus rares, viennent des Açores et gagnent le plus souvent la Méditerranée en traversant l'Espagne ou le nord de l'Afrique. Enfin des dépressions secondaires se forment fréquemment dans des circonstances particulières, soit comme dérivations de bourrasques principales, soit à cause de certaines configurations du sol, comme celles qui se manifestent notamment sur le golfe du Lion ou le golfe de Gênes.

Les bourrasques se transportant de l'Ouest à l'Est, on voit que les îles Britanniques, la France, le Portugal, immédiatement à l'est d'une immense étendue d'eau, sont dans une situation désavantageuse pour eux-mêmes au point de vue qui nous occupe. La côte orientale des États-Unis d'Amérique est admirablement placée pour être avertie longtemps à l'avance des étapes successives parcourues par les bourrasques qui viennent de l'Ouest ou du Sud-Ouest : en effet, depuis l'extension du réseau télégraphique américain jusqu'à la côte de l'océan Pacifique, les télégrammes du temps reçus à Washington permettent souvent de suivre les tourbillons pendant sept ou huit jours avant le moment où la côte atlantique peut être menacée ; les intéressés ont ainsi le temps suffisant pour se prémunir contre les dangers qui les menacent.

Dans nos régions de l'Europe occidentale, au contraire, les postes avancés sont constitués par les stations côtières de la Bretagne, de l'Irlande et du nord de l'Écosse ; l'arrivée des bourrasques ne peut donc être prévue que lorsque les signes qui caractérisent leur approche commencent à se manifester dans l'ouest des îles Britanniques. On a cherché à remédier à cette situation défavorable, et en 1869 l'amirauté anglaise permit de mettre un navire de l'État, *le Brisk,* au mouillage à l'entrée de la Manche ; ce bâtiment était relié avec Londres par un câble sous-marin. Mais l'expérience n'a pas donné les résultats qu'on en attendait ; une des plus grandes difficultés a été d'assurer une communication régulière entre le bâtiment et la terre ferme, et l'on a dû renoncer à cette tentative. Dans l'état actuel de la Science, les prévisions météorologiques sont donc dans une dépendance absolue de la télégraphie électrique ; le temps dont on dispose, en un point déterminé, pour se prémunir contre les effets d'une tempête est limité à la différence comprise entre la réception du télégramme annonçant l'arrivée probable des mauvais temps et le moment où la tempête éclate.

Ce système d'avertissements rend particulièrement difficile la protection des côtes occidentales des îles Britanniques. Sauf dans les cas, assez rares du reste, où les bourrasques abordent directement nos côtes de l'Océan, la France se trouve dans des conditions un peu plus favorables. Supposons en effet qu'une bourrasque, marchant avec une vitesse de 50^{km} à l'heure, aborde la côte d'Irlande en se dirigeant vers la Bretagne, et que Brest soit particulièrement menacé : en admettant que la tempête se fasse déjà sentir au sud-ouest de l'Irlande à 8^h du matin, elle mettra douze heures pour parcourir les 600^{km} qui séparent Valentia de Brest ; elle n'atteindra donc la Bretagne que vers 8^h du soir. Les signaux de précaution étant hissés avant 1^h du soir, c'est donc sept heures au moins que les marins pourront utiliser contre un danger menaçant.

Avant d'aborder l'étude des bourrasques, nous

indiquerons comment sont rassemblés les matériaux qui permettent de se rendre compte de l'état général de l'atmosphère à un instant donné. Le Bureau central météorologique de France reçoit actuellement chaque jour, par télégrammes, les observations faites en 120 stations disséminées à la surface de l'Europe et du nord de l'Afrique, depuis Bodö, au nord de la Norvège, jusqu'à Laghouat, au sud de l'Algérie, et depuis Moscou jusqu'à la Corogne ; l'établissement du câble qui relie le Brésil à l'Europe a même étendu le réseau jusqu'à l'île Madère.

Chaque dépêche comprend les observations faites le matin à 7^h et la veille à 6^h du soir sur les éléments suivants : la pression atmosphérique, la température, l'humidité, la direction et la force du vent, l'état du ciel, et en outre les températures minimum du matin et maximum de la veille, ainsi que la hauteur de la pluie tombée ; les stations maritimes y ajoutent l'état de la mer. L'ensemble de ces observations, publiées en Tableaux numériques et sous forme graphique, constitue le *Bulletin international du Bureau central météorologique de France.*

Ce *Bulletin* est la continuation du *Bulletin de l'Observatoire de Paris,* lequel a servi de modèle aux publications analogues de l'étranger ; il a reçu des améliorations successives, surtout depuis deux années ; actuellement il contient dans deux Tableaux (p. 1 et 4) la traduction en clair de tous les télégrammes reçus au Bureau central ; on trouve aux pages 2 et 3 deux Cartes qui sont la représentation graphique des nombres de ces Tableaux.

La première Carte montre la distribution de la pression barométrique à la surface de l'Europe. Après avoir porté auprès de chaque station la hauteur du baromètre réduite à $0°$ et au niveau de la mer, on réunit par des lignes les points où la pression barométrique est la même ; on obtient ainsi une première série de courbes, appelées *isobares*, et dont les *Pl. I* à *XV* donneront une idée ; elles sont tracées de 5^{mm} en 5^{mm} de différence de pression. Une seconde série de courbes, que nous avons dû supprimer ici, afin d'éviter la confusion sur des Cartes à échelle réduite, passent par les points où la *variation de pression* depuis la veille est la même. L'état du ciel et le vent y sont figurés comme sur les *Pl. I* à *XV*, et un signe particulier fait connaître, s'il y a lieu, l'état d'agitation de la mer. C'est surtout par un examen minutieux de la distribution, de la forme et du nombre des isobares, de l'intensité et de l'étendue de la baisse ou de la hausse du baromètre, que le météorologiste peut préjuger les changements qui surviendront dans les vingt-quatre heures et formuler, en conséquence, une *probabilité* du temps.

La seconde Carte du *Bulletin* indique la distribution de la température. En réunissant par des lignes les points où la température est la même, on obtient une série de courbes dites *isothermes* (voir *Pl. XVI*); ces lignes sont tracées de 5° en 5° de différence de température. Des signes spéciaux, qui ne figurent pas sur notre Carte réduite, font connaître les stations où il est tombé de l'eau, de la neige, où des orages ont éclaté.

La comparaison de cette Carte avec celle de la veille, l'étude attentive et l'interprétation des variations de température, des zones de pluie, etc., viennent compléter les indications fournies par la Carte des pressions. Tels sont, avec la marche des instruments météorologiques à la station centrale, les éléments dont on peut disposer pour la prévision du temps.

Chaque jour, à midi, les *avertissements maritimes*, déduits de l'étude des Cartes et portant particulièrement sur la direction et la force du vent probable, sont expédiés par le Bureau central à tous les ports français, grands et petits, au nombre de quatre-vingt-cinq; ils sont affichés sous les yeux du public, généralement dans les bureaux de port, où les intéressés, marins, armateurs, pêcheurs, etc., viennent en prendre connaissance.

En même temps, d'autres *avertissements*, rédigés spécialement au point de vue *agricole* et donnant des indications sur les probabilités de pluie, de neige, d'orages, de gelées blanches, etc., suivant les saisons, sont expédiés, dans les diverses régions de la France, aux communes qui ont souscrit un abonnement annuel, et pendant les six mois d'été à celles qui, profitant d'une récente décision de M. le Ministre des Postes et des Télégraphes, préfèrent l'abonnement semi-annuel.

Les stations françaises transmettent en outre au Bureau central les résultats d'une observation faite à 2ʰ du soir; la discussion de cette seconde série de télégrammes, que le *Meteorological Office* de Londres complète par l'envoi régulier de deux dépêches d'Irlande, permet de vérifier et de rectifier au besoin l'avertissement du matin expédié aux ports.

Le *Bulletin international,* mis sous presse vers 2ʰ, est distribué le soir même aux abonnés de Paris; il est expédié dans les départements par les courriers du soir. Le Bureau central en fournit gratuitement un exemplaire à tous les ports, sous la condition que les autorités locales prennent les mesures nécessaires pour en assurer la publicité, et, par une récente décision de M. le Ministre de l'Instruction publique, le *Bulletin* est adressé également à toutes les Écoles normales primaires.

II. — Bases de la prévision. Caractères des bourrasques.

Les différentes Cartes qui accompagnent cette Notice mettent en relief la forme que présentent généralement les bourrasques d'Europe. Les isobares sont des courbes fermées, affectant la forme de cercles, ou mieux celle d'ellipses peu allongées, dans lesquelles la pression va croissant du centre à la circonférence. Si l'on imagine, pour se représenter le phénomène, que l'atmosphère soit formée d'une masse fluide de densité constante, la distribution de la pression indiquerait la hauteur de la couche atmosphérique, en sorte que tout le système serait comparable à un immense entonnoir, et l'on pourrait assimiler les isobares aux courbes de niveau employées en Topographie. C'est d'après cette forme particulière des isobares qu'on a établi les règles de manœuvre à exécuter par les navires en mer, afin d'éviter d'être entraînés dans le cercle d'action des tourbillons.

L'étendue des bourrasques est très variable ; leur diamètre, rarement inférieur à 1000^{km}, est fréquemment deux et trois fois plus grand, et même davantage. La Carte du 15 novembre 1878 (*Pl. VIII*) montre que ce jour-là l'Europe entière se trouvait sous l'influence d'un immense tourbillon atmosphérique.

Les bourrasques sont animées d'un mouvement de translation à la surface du globe et d'un mouvement de rotation autour de leur centre. Il importe de ne pas confondre la direction du mouvement de translation des bourrasques avec la direction du vent dans ces tourbillons. Les ouragans des Antilles, par exemple, ont généralement une course lente ; pourtant ils sont souvent accompagnés de

vents extrèmement violents, qui détruisent tout
sur leur passage, tandis que des vents faibles sont
quelquefois observés dans des bourrasques qui se
transportent avec une grande vitesse. La direction
suivie par une bourrasque est indiquée par la projection de sa trajectoire à la surface de la Terre; si
l'on dit, par exemple, qu'un tourbillon se déplace
avec une vitesse de 50^{km} à l'heure, ce nombre représente l'espace parcouru par le centre, mais la
vitesse dont il est l'expression est absolument in-
dépendante de la force du vent.

La trajectoire $A_1 A_5$, tracée sur la *Pl. IV*, indique la direction moyenne des bourrasques d'Europe, et en même temps la route la plus habituellement suivie par les centres de dépression.

Il est difficile d'établir des règles précises rela-
tives à la vitesse du mouvement de translation des
bourrasques; on en a observé qui se transportaient
avec une vitesse de 60^{km} et même 80^{km} à l'heure;
d'un autre côté, ainsi que nous le montrerons par
un exemple remarquable, on voit des tourbillons
se développer, rester sensiblement stationnaires
pendant plusieurs jours, et finalement s'éteindre
pour ainsi dire sur place. On peut dire toutefois
que dans la plupart des cas cette vitesse varie entre
25^{km} et 40^{km}.

La direction du vent observé dans le voisinage
d'une bourrasque met bien en évidence le mouvement de rotation. Considérons la Carte du 10 octobre 1878 (*Pl. II*); on voit que le vent souffle

du Nord-Ouest en Irlande, du Sud-Ouest sur la
Manche, du Sud en Allemagne, du Sud-Est sur la
mer du Nord et en Écosse, en sorte que tout le système est animé, autour du centre de la dépression,
d'un mouvement de droite à gauche, en sens inverse
du mouvement des aiguilles d'une montre ; cette

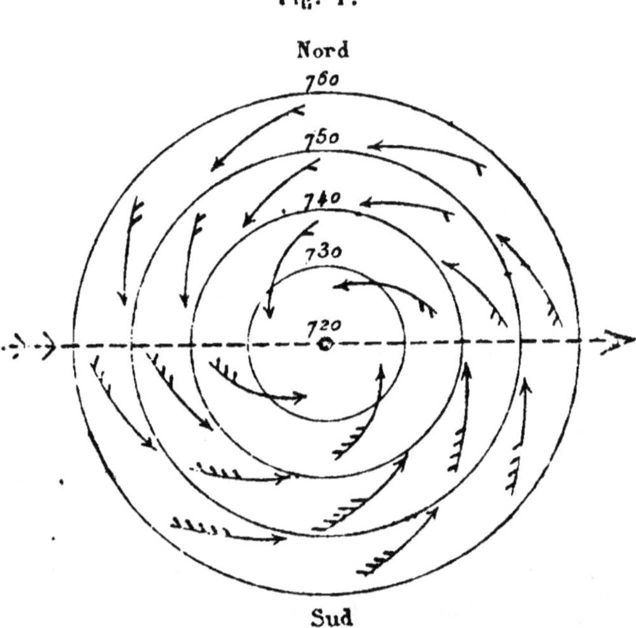

Fig. 1.

règle est absolue dans notre hémisphère. Le phénomène est renversé dans l'hémisphère austral, où
le mouvement de rotation se produit de gauche à
droite pour un observateur placé au centre. On se
rendra mieux compte du phénomène à l'aide de
la *fig*. 1, qui représente une bourrasque théo-
rique de l'hémisphère nord. Les vents affectent

bien la direction qui vient d'être indiquée ; de plus, les flèches montrent que cette direction n'est pas en chaque point tangente aux isobares, parce que l'air, indépendamment de son mouvement gyratoire, est en même temps entraîné vers le centre, et tend à combler le vide relatif qui s'y est formé.

La constance du sens de la rotation du vent autour d'un centre de dépression conduit à la relation suivante, connue sous le nom de *loi de Buys-Ballot*, entre la direction du vent et la pression barométrique dans l'hémisphère nord, au moins à la surface de la mer où les modifications locales sont plus faibles : *Tournez le dos au vent, le baromètre sera plus bas à votre gauche qu'à votre droite*. Mais la direction du vent implique en même temps la direction dans laquelle se trouve le centre du tourbillon, et la loi de Buys-Ballot peut encore être formulée ainsi : *Tournez le dos au vent, étendez le bras gauche, il sera sensiblement dans la direction du centre*. Cette loi est très importante pour les marins isolés au milieu de l'Océan ; elle leur permet de connaître, avec une grande approximation, la direction dans laquelle se trouvent les centres de dépression, où les vents sont particulièrement dangereux, et de prendre les mesures pour les éviter. Quant à la distance à laquelle on se trouve de ce centre, on comprend qu'il soit assez difficile de l'évaluer ; mais le baromètre, par la rapidité et l'intensité de ses variations, donne à cet égard de précieuses indications. Ainsi donc, un observateur isolé, aussi bien sur terre que sur mer, pourra connaître, par la direction du vent, dans quelle portion d'un tourbillon il se trouve placé ; avec un peu d'expérience du baromètre, les variations de hauteur de la colonne de mercure le renseigneront sur l'intensité du phénomène.

Le sens de la variation du vent en un point parcouru par les différentes phases d'une bourrasque est une conséquence de la loi de rotation. Le célèbre météorologiste allemand Dove avait depuis longtemps remarqué que dans nos régions. le vent tourne *avec le Soleil,* c'est-à-dire qu'il passe de l'Est à l'Ouest par le Sud. Cette loi se confirme en effet par les observations faites sur l'Europe occidentale ; mais, si l'on discute les observations du nord de la Norvège, le phénomène n'est plus aussi net, et même sur la côte du Groënland on a constaté que le vent tourne plus fréquemment *contre le Soleil,* c'est-à-dire qu'il passe de l'Est à l'Ouest par le Nord. Une étude approfondie de la relation du vent avec les dépressions barométriques a montré que la loi de Dove n'est qu'un cas particulier de la loi générale de rotation du vent autour d'un centre de dépression.

Examinons en effet (*fig.* 2) dans quel sens se fera la rotation du vent en un point O situé à droite de la trajectoire d'une bourrasque qui va de l'Ouest à l'Est ; pour plus de commodité, supposons, ce qui est la même chose, que la bourrasque reste sur place et que le point O se déplace de l'Est à l'Ouest, de O en O″, avec la même vitesse relative. En O le vent soufflera du Sud; lorsque le centre passera au plus près du point d'observation, en O′, le vent sera de l'Ouest; enfin il soufflera du Nord en O″: le vent aura donc passé du Sud au Nord par l'Ouest. Et comme l'Europe occidentale se trouve

Fig. 2.

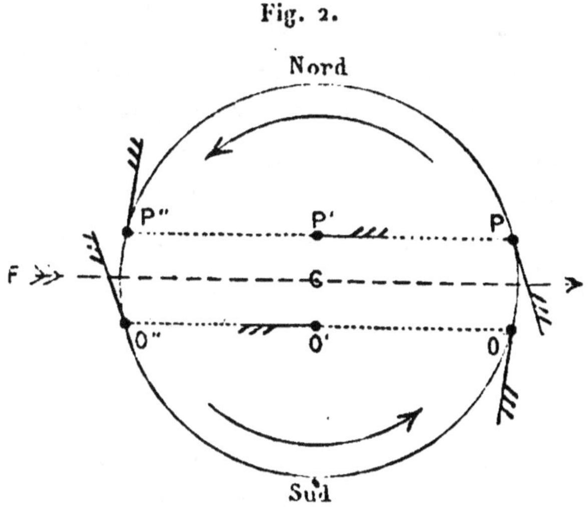

généralement au sud de la ligne moyenne parcourue par les centres de dépression, il s'ensuit que généralement aussi la rotation du vent s'y produit dans le sens direct de la rotation apparente du Soleil. Mais supposons que l'observation soit faite au point P, situé à gauche de la trajectoire parcourue par le centre de la dépression. En P le vent souf-flera du Sud comme en O, mais en P′ il sera de l'Est et en P''' du Nord, en sorte que le vent aura tourné du Sud au Nord par l'Est, ce qui caractérise la rotation inverse. Aux points situés sur la trajectoire même, le vent *saute* brusquement du Sud au Nord au moment du passage du centre. Un observateur isolé pourra donc tirer profit de cette loi de rotation, qui lui permet de déterminer sa position relativement à la trajectoire de la bourrasque.

Considérons maintenant la *fig.* 1 au point de vue de la vitesse du vent. Les vents sont forts à droite de la trajectoire suivie par le centre ; ils sont faibles à gauche de cette trajectoire. Il est facile de se rendre compte de cette inégalité. Nous avons supposé que le tourbillon se transporte de l'Ouest à l'Est. La vitesse réelle de l'air en un point déterminé se compose du mouvement général de translation et du mouvement de rotation autour du centre. Il en résulte que, dans toute la région située à droite de la trajectoire, c'est-à-dire au sud du centre, les vitesses de translation et de rotation du tourbillon sont de même sens et s'ajoutent : les vents sont forts. Au contraire, à gauche du chemin parcouru par le centre, les vitesses sont de sens contraires et se retranchent : les vents sont faibles. Les marins connaissent parfaitement cette particularité ; ils appellent *bord maniable* d'une bourrasque le demi-cercle à gauche de la trajectoire et *bord dangereux* le demi-cercle de droite. Toutefois cette règle encore n'est pas absolue, et l'on pourra voir dans les Cartes qui suivent plusieurs exemples pour lesquels le vent est aussi fort au Nord qu'au Sud de la bourrasque.

Il existe aussi une relation entre la pression barométrique et la *vitesse* du vent. On peut la formuler ainsi :

Toutes choses égales d'ailleurs, la vitesse du vent autour d'un cyclone est en raison de la pente atmosphérique; elle est d'autant plus grande que les courbes isobares sont plus rapprochées l'une de l'autre.

Ce fait général est mis en évidence sur les Cartes publiées ici. Toute différence dans la pression atmosphérique est en effet une cause de mouvement provoqué par le rétablissement de l'équilibre, et ce mouvement est nécessairement d'autant plus violent que la différence de pression est elle-même plus grande. En menant par un point quelconque une perpendiculaire aux isobares, on obtient la direction suivant laquelle se produit la plus grande différence de pression entre deux stations voisines, en sorte que, si les isobares sont des cercles concentriques, cette perpendiculaire est représentée par un rayon. On est convenu d'appeler *gradient barométrique* la diminution maximum du baromètre autour d'un point pour une distance déterminée.

En d'autres termes, le gradient barométrique, comme la plus grande pente en topographie, est le rapport entre la différence des hauteurs du baromètre observées simultanément en deux stations situées sur la même perpendiculaire aux isobares, et la distance qui sépare ces deux stations. Bien qu'aucune loi précise n'ait encore été formulée à cet égard, on peut dire que dans la plupart des cas la vitesse du vent est d'autant plus grande que ce rapport est lui-même plus grand.

Les gradients adoptés sur l'Europe continentale sont exprimés en millimètres de différence de pression par 60 milles nautiques ([1]). Ainsi, lorsqu'on dit qu'à un instant déterminé le gradient entre Paris et Dunkerque est de 2,4 par vent d'Ouest, cela signifie que les isobares sont disposées de l'Ouest à l'Est et que le baromètre à Paris est plus élevé qu'à Dunkerque de $2^{mm},4$ par 60 milles nautiques; la distance entre Paris et Dunkerque étant de 132 milles, la différence des hauteurs barométriques entre ces deux stations est de $5^{mm},28$. De même, un gradient de 1,9 entre Brest et Nantes, par vent de Nord-Est par exemple, signifie que les isobares courent du Nord-Est au Sud-Ouest et que le baromètre est de $1^{mm},9$ par 60 milles nautiques plus élevé à Brest qu'à Nantes.

Le 9 octobre 1878, à 8^h du matin (*Pl. I*), le baromètre marquait $753^{mm},5$ à Brest et seulement

---

([1]) Le mille nautique vaut 1852^m; 60 milles mesurent un arc du méridien de 1°, ou 111 kilomètres.

745^{mm},5 aux îles Scilly, soit 8^{mm} de différence de pression, ce qui correspond, eu égard à la distance des deux stations, à un gradient de 4,00 : le vent soufflait en tempête à l'entrée de la Manche. Pendant la tourmente de neige du 4 décembre 1879 (*Pl. XI*), la différence des hauteurs barométriques entre Cherbourg et Nantes était de 9^{mm},1 à 8^h du matin, soit un gradient de 3,78 : de gros temps, par vents d'Est, régnaient dans le nord de la France.

Pendant les tempêtes les plus violentes, les gradients, calculés comme il vient d'être dit, atteignent rarement une valeur de 4,00 dans nos régions; déjà un gradient de 1,8 implique la probabilité d'une forte brise.

L'amplitude et la direction du gradient suffisent pour caractériser la distribution de la pression atmosphérique autour d'un point donné.

Une forte baisse du baromètre est l'indice d'une perturbation atmosphérique d'une grande intensité; mais il résulte de la relation précédente, confirmée par l'observation, que si la baisse du baromètre s'étend sur de grandes surfaces, en d'autres termes, si les gradients restent faibles, le vent ne prend pas de force; dans ce cas, la diminution de la pression s'opère graduellement. On est ainsi amené à n'accorder qu'une valeur toute relative aux indications de *beau temps, variable, pluie* ou *vent,* etc., placées sur la plupart des baromètres ordinaires.

L'observation des nuages ne doit pas être négligée ; avant l'invention du baromètre, cette indication était le seul symptôme qui permît de prévoir
les changements de temps, et la plupart des anciens
proverbes météorologiques conservés par la tradition sont basés sur *l'état du ciel*. Malgré leurs
formes variées, les nuages peuvent en effet être ramenés à quelques types principaux, que les marins
en particulier savent parfaitement reconnaître et
interpréter. Plusieurs jours avant l'arrivée d'une
bourrasque et avant même que le baromètre ait
commencé à baisser d'une manière sensible, on
voit apparaître dans le ciel, en longues bandes parallèles, des nuages fins, déliés, qui sont les premiers avant-coureurs des mauvais temps ; on les appelle des *cirrus ;* ils sont formés de petites aiguilles
de glace flottant à des hauteurs considérables, qui
atteignent et dépassent même $10\,000^{m}$ et $12\,000^{m}$.
Peu à peu, le ciel prend un aspect blanchâtre, laiteux, favorable à la production des halos ; puis
apparaissent les *cirro-cumulus,* ou, comme on
dit vulgairement, le ciel est pommelé ; bientôt
ces nuages augmentent en étendue et en densité ;
ils se transforment en *cumulus,* ou balles de _
coton, d'abord isolés, dans les éclaircies desquels
on aperçoit par intervalles les cirrus des couches
supérieures ; les cumulus s'abaissent de plus en
plus, l'horizon se couvre et le ciel prend peu à
peu cet aspect particulier qui caractérise l'approche de la pluie. Cette succession d'aspects

divers s'observe dans la portion antérieure des bourrasques, en même temps que la baisse du baromètre s'accentue. Lorsque le centre du tourbillon est passé et que la pression commence à se relever, le ciel se découvre par instants, et les alternatives de nuages et d'éclaircies, les averses, les giboulées, etc., sont les phénomènes qui se produisent d'abord dans la partie postérieure. Le baromètre continuant à monter, les nuages disparaissent peu à peu ; le temps revient au beau. Cette situation persiste jusqu'à ce qu'une nouvelle bourrasque ramène la même suite de phénomènes.

C'est dans la portion dangereuse des bourrasques que se produisent les orages. En hiver, ces phénomènes accompagnent seulement les perturbations profondes et très étendues ; en été, au contraire, la moindre dépression suffit pour en déterminer la formation. Quelquefois les orages restent localisés sur une petite région, mais le plus souvent ils se transportent comme la bourrasque elle-même, en se propageant sur des contrées entières ; certains orages ont été suivis depuis le sud-ouest de la France jusqu'aux Pays-Bas. Il arrive fréquemment aussi que, pendant la saison chaude, des dépressions plus ou moins importantes restent stationnaires sur nos côtes occidentales, spécialement vers le golfe de Gascogne (voir *Pl. XIII*) ; la température de l'air est très élevée et son état hygrométrique voisin du point de saturation ; des orages éclatent alors, nombreux et étendus.

La vitesse de translation des nuages orageux étant en moyenne d'environ 35^{km} à 50^{km} à l'heure, il devient possible, au moyen du télégraphe, de prévenir les régions menacées par ces météores.

La température et l'état hygrométrique de l'air sont aussi des éléments dont il est possible, dans un grand nombre de cas, de tirer parti au point de vue de la prévision du temps. Dans la portion antérieure d'une bourrasque, lorsque le ciel commence à se couvrir, la température se rapproche de la moyenne ; le thermomètre monte en hiver et baisse en été ; en outre, l'écart diurne diminue, la température devient plus uniforme ; en même temps l'état hygrométrique augmente. Après le passage du centre, au contraire, dès que le ciel s'éclaircit et que le vent tourne au Nord-Ouest, l'écart diurne augmente ; la température s'abaisse considérablement pendant la nuit. C'est précisément dans ces conditions que se produisent les gelées blanches du printemps, si funestes à l'agriculture.

Les bourrasques sont rarement isolées au sein de la masse atmosphérique ; elles indiquent au contraire un régime spécial, et arrivent généralement par groupes en se succédant à deux ou trois jours d'intervalle, jusqu'à ce que, un changement de régime survenant, les faibles pressions disparaissent définitivement. Cette succession de bourrasques explique les séries d'orages qui éclatent quelquefois dans les mêmes régions pendant cinq ou six jours consécutifs.

On voit aussi des dépressions secondaires prendre naissance sous l'influence et dans le demi-cercle dangereux des dépressions principales. Le développement de ces dépressions est généralement limité à de faibles étendues, mais leur énergie peut devenir très grande, notamment dans la portion Sud, où les vents soufflent souvent en tempête ; elles provoquent, en été surtout, des pluies abondantes et des orages d'une extrême violence. La formation de ces dépressions satellites est indiquée par l'irrégularité dans la forme de certaines isobares (voir *Pl. XIV*) ; elles peuvent, en certains cas, ainsi que nous le montrerons par un exemple remarquable, prendre elles-mêmes une intensité extraordinaire (voir *Pl. V* et suivantes).

Les relations des bourrasques avec les divers éléments météorologiques étant connues, la probabilité du temps pour une région donnée se réduit à prévoir dans quel secteur du tourbillon se trouvera la région considérée pendant les vingt-quatre heures qui suivront, ce qui revient à prévoir la direction de la bourrasque et la vitesse de son mouvement de translation. Nous avons vu que la vitesse est une quantité très variable ; quant à la direction, on l'apprécie en se basant sur les causes qui favorisent le mouvement de translation des tourbillons atmosphériques. Les bourrasques tendent à se diriger : 1° vers la région où la baisse du baromètre atteint sa plus grande valeur absolue; 2° vers la région où la pluie tombe ; 3° vers la région des vents faibles ou, ce qui revient au même, vers la région où les isobares sont plus espacées. Mais ces diverses conditions sont rarement réunies, et, dans la plupart des cas, le problème comporte une assez grande indétermination.

Jusqu'ici, nous avons envisagé exclusivement les zones de basses pressions, caractérisées par des isobares fermées autour d'un centre qui est le lieu du minimum barométrique ; la prévision ne saurait être complète sans la considération d'un second système, opposé au premier, et dans lequel les courbes d'égale pression se disposent autour du point où le baromètre est le plus élevé. Ces courbes sont généralement espacées ; par suite, les gradients et les vents sont faibles ; de plus, le mouvement de l'air, relativement au centre de haute pression, s'effectue dans le sens *direct* du mouvement des aiguilles d'une montre. Certains météorologistes ont donné à ces systèmes le nom d'*anticyclones,* admettant ainsi l'analogie complète des deux ordres de phénomènes.

On a bien constaté, et cela est vrai, en général, sur le continent de l'Amérique du Nord, que les aires de haute pression se transportent suivant la route générale des cyclones, mais en Europe les maxima de pression ont le plus souvent une allure toute différente.

Les hautes pressions paraissent couvrir des régions où l'air descend des parties supérieures de l'atmosphère, et la rotation du vent dans le sens direct est alors une conséquence de la rotation de la Terre; en outre, les régions voisines, où la pression est plus faible, sont souvent le siège d'un courant général où se meuvent des dépressions ordinaires qui tendent à provoquer les mêmes vents. L'expression d'*anticyclones* peut être employée sans inconvénient grave, si l'on se propose. seulement de rappeler ces caractères des pressions distribuées autour d'un maximum, mais il serait inexact d'y voir une opposition complète avec le phénomène des cyclones.

Quoi qu'il en soit, les centres de hautes pressions existent, et l'étude de leurs propriétés est aussi importante que celle des centres de dépression. Ces zones, dont le caractère principal (au moins en Europe) est la stabilité, accompagnent les périodes de beau temps; en hiver, elles sont l'indice d'un froid persistant (voir *Pl. XV* et *XVI*).

Lorsque les symptômes mis en évidence par les différents éléments météorologiques concordent entre eux, ils ajoutent pour ainsi dire leur importance, et alors la probabilité qu'on en déduit atteint presque la certitude. Ainsi, par exemple, lorsqu'en hiver on constate dans l'ouest de l'Europe une forte baisse du baromètre, une température en excès marqué sur la normale, un vent du Sud-Ouest, un air chargé d'humidité, on peut annoncer la pluie à coup sûr. Mais ces cas sont l'exception;

il arrive souvent, au contraire, que les conclusions à tirer des variations de la pression, par exemple, sont en contradiction avec celles de tel ou tel autre élément météorologique; il est donc nécessaire de ne négliger aucune des données du problème, et ce n'est qu'après une étude minutieuse des Cartes dressées chaque jour et des variations survenues depuis la veille que le météorologiste peut apprécier, chacun à sa valeur relative, les éléments qui doivent le conduire à formuler une prévision.

III. — Exemples de bourrasques.

Nous pouvons appliquer cette méthode à quelques exemples, de manière à faire mieux comprendre le caractère scientifique des prévisions.

Les *Pl. I* à *IV* sont destinées à montrer le mouvement moyen de translation d'une bourrasque à la surface de l'Europe. La ligne $A_1 A_5$ (*Pl. IV*) est la projection de la trajectoire du centre du tourbillon sur la surface du sol; les points A_1, A_2, A_3, A_4, A_5 représentent les positions successives du centre, relevées chaque matin à 8^h, du 9 au 13 octobre 1878.

Pl. I. — Une bourrasque existe sur l'océan Atlantique, au large de l'Irlande, le 9 octobre 1878

u matin; elle est caractérisée par la baisse du ba-
omètre, l'allure du vent, la forme des isobares.
.e vent souffle franchement du Sud sur les îles
Britanniques, du Sud-Est sur la côte de Norvège, du
Nord-Est en Islande; la force du vent est d'au-
ant plus grande que le gradient est lui-même plus
levé, ou, ce qui revient au même, que les iso-
ares sont plus rapprochées l'une de l'autre; une
empête du Sud règne au cap Lizard. Le ciel se
ouvre sur les îles Britanniques et la France, déjà
a pluie tombe sur le nord de l'Irlande et à l'entrée
e la Manche; au contraire, le temps est beau
n Autriche, en Turquie, sur la Russie méridio-
ale, où les pressions sont élevées et les vents
aibles.

C'est sur la côte de Norvège que la baisse du
aromètre atteint sa plus grande valeur, et c'est
ussi vers la même région que la pression est
moindre : on peut donc prévoir que le centre
u tourbillon se transportera dans cette direction;
e plus, à en juger par la faible intensité de la
aisse barométrique, il est probable que la vitesse
u mouvement de translation sera lente. Le centre
nd donc à se rapprocher de la Manche; par suite,
s vents sur nos côtes vont fraîchir et rallier le
ud-Ouest.

Sur la Méditerranée, vers le golfe du Lion, il
est formé une dépression secondaire moins im-
ortante, au centre de laquelle le baromètre ne
escend pas au-dessous de 758^{mm}.

Pl. II. — Le 10 octobre au matin, le centre de la bourrasque se trouve au nord de l'Irlande, au point A_2, où le baromètre est descendu à 728^{mm}; cette baisse s'étend, en diminuant progressivement d'intensité, sur la Grande-Bretagne, la Belgique et le nord de la France. La mer est grosse et les vents violents sur la Manche et l'Océan, depuis le Havre jusqu'à Rochefort. Le mouvement de rotation de l'air autour du point A_2 est nettement accusé : le vent souffle du Nord-Ouest au nord de l'Irlande, du Sud-Ouest sur la Manche, du Sud sur la mer du Nord, du Sud-Est aux îles Shetland, de l'Est aux Hébrides, du Nord-Est en Islande. C'est seulement dans ce qu'on a appelé la portion dangereuse du tourbillon que le vent a pris une force plus ou moins grande; il est faible dans la portion située à gauche du chemin parcouru par le centre. De fortes pluies tombent sur les îles Britanniques, et en France sur les versants de la Manche et de l'Océan.

Il est assez difficile de prévoir la direction que suivra maintenant le centre de la bourrasque, car, si d'une part le maximum de baisse semble indiquer une marche vers le Sud-Est, d'autre part on voit que les vents ont une grande force dans toute cette région ; or, à moins que les vents ne s'écartent sensiblement de la loi de Buys-Ballot, il est rare que les bourrasques se dirigent vers la région des vents forts, lesquels opposent au mouvement de translation un obstacle d'autant plus grand que

e mouvement de rotation est lui-même plus rapide. Dans le cas actuel, l'influence prépondé-
rante paraît être celle des faibles pressions, vers
lesquelles le tourbillon pourra se propager sans
rencontrer autant de résistance ; alors, le centre
s'éloignant vers le Nord, les vents faibliraient sur
nos côtes en virant à l'Ouest, et peut-être au
Nord-Ouest ; c'est dans ces conditions, on se le rap-
pelle, que l'on observe ces alternatives d'averses et
d'éclaircies qui sont consécutives au passage d'un
centre de dépression ; au printemps, des gelées
blanches seraient à craindre.

Le beau temps accompagne les fortes pressions
qui persistent sur l'Europe orientale et l'Algérie.

La dépression secondaire de la Méditerranée a
causé des pluies torrentielles en Italie et sur l'Adria-
ique : il en est tombé 37^{mm} à Naples, 40^{mm} à Rome,
6^{mm} à Trieste. Le 10 au matin, elle s'était comblée.

Pl. III. — La bourrasque s'éloigne par le
Nord-est ; le 11 octobre, à 8^h du matin, son centre
se trouve en A_3, à l'est des îles Shetland. Une
hausse considérable du baromètre se produit à
l'arrière du tourbillon, sur toute l'Europe occidentale ; elle atteint 25^{mm} en Irlande ; en même temps
le nombre des isobares diminue, et les vents, qui
tournent au Nord-Ouest en Irlande, faiblissent
partout : l'équilibre commence à se rétablir. On
peut espérer que le tourbillon va continuer sa
marche vers les régions à latitude plus élevée, où les

faibles pressions lui livreront un passage facile ; par suite son action cessera de s'étendre jusqu'à nos côtes, et le calme se rétablira.

Pl. IV. — La Carte du 12 octobre 1878 montre qu'en effet la bourrasque continue à s'éloigner vers le Nord-Est ; à 8^h du matin, son centre passe en A_4, sur la côte de Norvège. Le vent est redevenu faible et la mer belle sur nos côtes, et la pluie cesse de tomber en France.

Le 13 octobre, le centre de la bourrasque passe en A_5, non loin du cap Nord : le tourbillon s'éloigne définitivement. Il n'y a donc plus lieu de s'en préoccuper pour nos régions ; mais, bien que la hausse du baromètre s'accentue encore, divers symptômes permettent déjà de prévoir l'approche d'une nouvelle bourrasque arrivant de l'Océan. Effectivement, si, le 12 octobre au matin, la dépression du Nord étendait encore son action sur les îles Britanniques, on verrait les vents souffler d'entre Ouest et Nord en Irlande, et les isobares affecter la forme de courbes concentriques autour du centre de la bourrasque. Or on a vu qu'à Valentia, au sud-ouest de l'Irlande, le vent soufflait du Sud le 9, de l'Ouest le 10, du Nord le 11, exécutant ainsi le mouvement de rotation directe ; mais, dès le 11 au soir, ce mouvement s'arrêtait et le vent rétrogradait au Sud. La *Pl. IV* montre que le 12 octobre, à 8^h du matin, cette modification dans l'allure générale du vent s'étend sur toutes les

côtes occidentales des îles Britanniques, depuis
es Hébrides jusqu'aux îles Scilly; de plus, les isobares s'infléchissent sur l'Océan : une deuxième
bourrasque, nettement accusée dès le 13 octobre,
suit donc de près la première, et, en la suivant dans
ses étapes successives, on verrait se reproduire,
dans le même ordre, les divers phénomènes qui
ont signalé le passage de la bourrasque du 9 au
13 octobre 1878.

La série des Cartes du 12 au 17 novembre 1878
fournit un exemple remarquable du développement dont certaines bourrasques sont susceptibles,
même lorsque leur mouvement de translation est
très faible.

Pl. V. — En considérant la Carte du 12 novembre, on voit qu'une dépression profonde a son
centre sur la mer du Nord, et que le tracé des
courbes de pression 745 et 750 présente une
grande irrégularité sur les îles Britanniques ; cette
irrégularité est due à la formation d'une dépression secondaire. Un examen plus approfondi montre
que déjà d'autres indices, notamment les variations du baromètre et la direction des vents au
sud-ouest des îles Britanniques, confirment l'existence de ce mouvement secondaire vers le cap
Lizard; le vent souffle du Sud à Plymouth, du
Nord-Est à Pembroke, du Nord-Ouest aux îles
Scilly, et sa violence dans cette dernière station

s'expliquerait difficilement sans cette dépression naissante. De même, la boucle que fait la courbe de pression 760 sur la Méditerranée est l'indice qu'un autre mouvement secondaire tend également à se produire dans ces régions.

Remarquons en passant que les vents forts ne se rencontrent pas exclusivement dans la portion dangereuse d'une bourrasque, mais qu'ils peuvent être, et sont effectivement observés avec un baromètre très élevé. Le 12 novembre 1878, le baromètre atteignait 770^{mm} en Islande, et pourtant le vent du Nord y soufflait avec une grande force. La considération du gradient suffit pour expliquer ces vents forts, car c'est entre l'Islande et les îles Shetland que les isobares sont le plus rapprochées l'une de l'autre ou, si l'on veut, que la pente atmosphérique est le plus rapide.

Pl. VI. — La dépression secondaire des îles Scilly s'est avancée lentement vers l'est ; on la retrouve, le matin du 13 novembre, dans le voisinage du Havre ; de plus, une zone immense de faibles pressions s'étend depuis la mer du Nord jusqu'aux Pyrénées, embrassant la France entière et amenant des pluies générales. Lorsque les isobares affectent la forme d'ellipses aussi allongées, c'est un indice que la dépression tend à se segmenter ; dans ce cas, la pluie peut être annoncée avec chance de succès, tandis qu'il est extrêmement difficile de prévoir la direction du vent.

Une autre dépression secondaire, dont la Carte
du 12 novembre faisait pressentir la formation,
existe le 13 au matin en Turquie, dans la concavité
de la courbe de pression 760.

Pl. VII. — D'après la Carte du 14 novembre
878, l'étendue soumise à l'action des faibles
pressions s'est encore accrue ; la bourrasque s'est
segmentée, et la rotation du vent s'exécute maintenant autour de deux centres, dont l'un se trouve
en Italie, entre Florence et Rome, et l'autre vers
le Pas-de-Calais ; de fortes pluies tombent dans
toute la région des basses pressions, et même un
orage éclate à Rome. L'existence simultanée de
deux bourrasques d'égale intensité et dont les
centres sont à peu de distance l'un de l'autre ap-
porte une grande incertitude dans la prévision. En
général, les deux centres finissent par se réunir, et
c'est la dépression du Nord qui se développe aux
dépens de l'autre.

Pl. VIII. — La situation s'est totalement modifiée depuis vingt-quatre heures. Les deux centres de rotation du vent se sont réunis et les isobares ont repris leur forme normale, et même il
est rare que les lignes d'égale pression se rappro-
chent, autant que dans l'exemple ci-dessus, de la
forme circulaire. La rotation du vent s'effectue
autour d'un point central situé non loin de l'île
d'Helgoland, vers l'embouchure de l'Elbe ; elle est

absolument nette et conforme à la théorie quant à la direction ; mais la force du vent autour de ce point central présente une anomalie remarquable, qui peut aider à prévoir le sens du mouvement de translation du tourbillon. Nous avons dit que les bourrasques marchent, en général, vers l'Est ; mais ici la violence des vents qui règnent sur la Baltique, en Danemark et sur la côte de Norvège, opposera une barrière puissante à la marche du météore vers ces régions ; il ne paraît donc pas douteux que cet exemple ne soit une exception à la règle du mouvement moyen de translation des bourrasques, lequel s'exécute de l'Ouest à l'Est. Du reste, c'est principalement dans la partie postérieure que la condensation se produit et que les vents sont faibles ; en rapprochant de ces faits résultant de l'observation cette considération que les isobares affectent une forme presque circulaire, on sera amené à conclure à la stabilité du système.

Pl. IX. — On voit, par la Carte du 16 novembre, que le tourbillon est resté sensiblement stationnaire ; il a seulement un peu rétrogradé *vers l'Ouest*. Mais, si le cyclone n'a pas subi de modification appréciable quant à sa position, à sa forme, à son étendue, il n'en est pas de même de son intensité, qui s'est accrue sous l'influence des condensations énergiques survenues principalement en Angleterre, sur les Pays-Bas et sans doute aussi sur la mer du Nord ; le baromètre est tombé à 730^{mm} au centre, un peu au nord des îles de la Zélande. Les gradients barométriques ayant augmenté, la force du vent s'est accrue proportionnellement. L'indication d'après laquelle on a pu annoncer, le 15 novembre, la stabilité du centre de rotation est encore plus probante aujourd'hui ; on voit en effet les vents souffler avec une égale force tout autour du point central et les isobares conserver, accentuer même leur forme circulaire : la bourrasque restera donc vraisemblablement stationnaire ; tout au plus les fortes pluies qui tombent encore dans la portion sud tendraient-elles à un faible mouvement de transport dans cette direction.

Pl. X. — La position du centre n'a pas changé, et le 17 novembre au matin on le retrouve sur la mer du Nord, non loin des côtes de Hollande. L'isobare de 760 n'a pas sensiblement varié de forme ni de position depuis la veille, mais l'intensité du cyclone a considérablement diminué ; au centre le baromètre est en hausse de 15^{mm}, en sorte que, la pression devenant plus uniforme, les vents faiblissent et l'équilibre tend à se rétablir. Cette tendance s'accentue encore le 18 novembre, et, le 19, une zone de pression supérieure à 770^{mm}, accompagnée de beau temps, couvre les Pays-Bas, la mer du Nord et les îles Britanniques.

Les bourrasques les plus communes sont celles

qui abordent l'Europe par les îles Britanniques ou la Norvège, arrivent généralement par groupes en se succédant à quelques jours d'intervalle, et se comportent, à l'intensité près, comme la bourrasque des 9-12 octobre 1878, décrite dans les *Pl. I* à *IV*. Il en est d'autres non moins intenses et tout aussi dangereuses, mais le plus souvent isolées, qui nous arrivent des Açores et justifient l'importance des dépêches d'Espagne, sans lesquelles le service d'avertissements aux ports français serait nécessairement incomplet. Chacun a encore présent à la mémoire le souvenir de la tempête de neige qui s'est abattue sur une grande partie de la France les 4 et 5 décembre 1879, et fut comme le prélude de cette longue période de froids excessifs, qui ont caractérisé l'hiver dernier, et le classent parmi les plus rigoureux.

Pl. XI. — Dès le 3 décembre, la concavité des isobares vers l'Espagne est l'indice qu'une dépression existe au sud-ouest de l'Europe ; la Carte du 4 décembre nous la montre se rapprochant des côtes de France, vers l'embouchure de la Loire. Ainsi qu'on le remarque constamment en hiver, principalement dans les bourrasques venant des basses latitudes, il s'était produit dans la partie antérieure du tourbillon une augmentation extraordinaire de la température ; en comparant les observations du matin avec les nombres correspondants de la veille, on trouve que le thermomètre s'était élevé de 10° à Biarritz, Rochefort, Paris, 16° à Lyon, 18° à Clermont-Ferrand. En même temps, le baromètre subissait une baisse énorme, s'étendant avec plus ou moins d'intensité sur l'Europe entière, et atteignant 17^{mm} dans l'ouest et le centre de la France ; au feu flottant de Rochebonne, il était tombé à 734. Le vent, fort du Sud-Ouest à Biarritz, soufflait en tempête du Sud à Rochebonne, de l'Est à Paris et sur les côtes de la Manche, du Nord-Est en Bretagne.

On peut se demander dans quelle direction va se transporter ce cyclone, qui la veille marchait vers le Nord-Est. La tempête qui sévit dans le nord de la France opposera sans doute une forte résistance à sa marche dans cette direction ; dans l'Est, au contraire, les vents sont faibles, et la baisse du baromètre y est maximum ; de plus, c'est de ce côté que la pluie et la neige tombent : il y a donc probabilité d'une inflexion de la trajectoire vers l'Est, c'est-à-dire que le cyclone gagnerait l'Europe centrale.

La baisse du baromètre s'accentue encore dans la journée du 4 ; entre 4^h et 6^h du soir, le centre du tourbillon franchit la côte de l'Océan non loin de Rochefort ; au phare de Rochebonne la pression tombe à 730, en même temps le vent saute brusquement du Sud-Ouest au Nord au moment du minimum barométrique. Le tourbillon continuant sa marche dans la direction Est-Nord-Est, son centre passe un peu au sud de Paris vers minuit ; à ce moment le baromètre, ramené au niveau de la mer, y était descendu à 736. Le vent, qui avait soufflé du Nord-Est dans la journée du 4, tournait au Nord à minuit, au Nord-Ouest à 4^h du matin le 5, à l'Ouest-Nord-Ouest à 10^h, ayant ainsi passé du Nord-Est à l'Ouest-Nord-Ouest par le Nord, ce qui caractérise la rotation inverse de Dove, ou en d'autres termes, ce qui indique le passage d'un centre de dépression au sud de Paris. Au contraire, tout le midi de la France, situé à droite de la trajectoire, restait dans les conditions habituelles, c'est-à-dire que la rotation du vent s'effectuait du Sud-Est au Nord-Ouest en passant par le Sud.

La neige avait commencé à tomber dès le 3 dans le Midi : à Montpellier, Nîmes, Marseille ; peu à peu, chassée par un vent violent, elle s'abattit le 4 et dans la nuit du 4 au 5, successivement sur les diverses régions vers lesquelles se dirigeait le tourbillon. Le 5 au matin, le sol refroidi par les gelées de novembre, était partout recouvert d'une forte couche de neige, dont l'épaisseur moyenne atteignait 0^m,22 à Paris, 0^m,25 au Mans, 0^m,30 à Chartres, 0^m,33 à Lons-le-Saulnier, etc.

Pl. XII. — Sur la Carte du 5 décembre, on retrouve le centre du cyclone à Wiesbaden ; la neige continue de tomber dans la portion antérieure de la bourrasque, en Allemagne, en Autriche, etc. A l'arrière, la pression se relève rapidement, le vent faiblit et la température baisse de nouveau. Le 6, la tourmente poursuit sa marche vers l'Est et atteint la Russie méridionale. Une zone de hautes pressions, venue par l'Océan, s'avance alors peu à peu sur le continent, s'y établit à partir du 7 et persiste sur l'Europe jusque vers la fin du mois.

Les orages se rattachent toujours à une dépression barométrique plus ou moins importante. Les uns se produisent, comme les pluies, dans la portion dangereuse des bourrasques, et s'étendent parfois sur une vaste surface ; mais il en est d'autres qui éclatent au sein d'une atmosphère relativement calme, sous l'influence d'une simple baisse, même légère, du baromètre en certains points, notamment vers le golfe de Gascogne. Ces dépressions spéciales, particulières au régime d'été, ont un caractère marqué de permanence et de stabilité, et donnent lieu à de véritables périodes d'orages qui se succèdent en un même lieu pendant plusieurs jours consécutifs. La distribution de la pression peut se résumer ainsi : une vaste zone de pressions très uniformes, s'éloignant peu de la normale, couvre une grande partie de l'Europe, et le baromètre est plus bas sur l'océan Atlantique.

Pl. XIII. — Le 21 août 1878, à 7ʰ du matin, une aire de pression légèrement supérieure à la moyenne et très uniforme couvrait la moitié occidentale de l'Europe, et la Carte du 22 montre que depuis la veille cette aire de haute pression s'est déplacée lentement vers l'Est. A 7^h du matin, elle s'étend depuis le centre de la France jusqu'à l'Autriche et depuis la Norvège jusqu'à l'Algérie ; un centre de dépression passe sur le Nord de la Russie. Mais dans l'Ouest, sur la côte de l'Océan, s'est produite une baisse barométrique qui, sans être inquiétante au point de vue de la force du vent, prend une grande importance au point de vue agricole : c'est en effet dans ces conditions que se développent les orages de la seconde catégorie. Les diverses régions de la France sont aussitôt averties que des orages sont probables. Les premières manifestations électriques sont en effet observées dès le soir du même jour, et pendant la nuit les orages éclatent dans la Vendée, la Vienne, Indre-et-Loire, dans la partie supérieure des bassins de la Seine, de la Loire, du Lot, etc., et dans le bassin moyen du Rhône. Quelques orages isolés sont signalés dans la matinée du 23, mais c'est principalement dans l'après-midi qu'ils sévissent dans les différentes régions de la France. Quarante départements ont transmis des renseignements sur les orages de cette journée.

Pl. XIV. — Nous avons déjà montré incidemment (*Pl. V* et *VI*) que des dépressions secondaires peuvent se former dans certaines circonstances, sous l'influence des dépressions principales. La *Pl. XIV* met en évidence les signes auxquels on reconnaît la formation probable de ces tourbillons. Le 1er janvier 1879, une bourrasque d'une grande intensité, marchant de l'Ouest à l'Est, atteint la côte de Norvège; une tempête de Nord-Ouest règne sur la mer du Nord. Autour du centre, où le baromètre est tombé à 725, les six premières isobares affectent sensiblement une forme identique, mais la courbe de pression 755 fléchit sur l'Irlande et la courbe 760 prend sur l'Océan une direction tout opposée aux premières. Ce défaut de parallélisme des isobares frappe immédiatement l'attention; on remarque de plus que, si les vents sur la Manche étaient commandés par la dépression principale, ils devraient venir de l'Ouest, conformément à la loi de Buys-Ballot; or, d'après l'observation, ils soufflent du Sud-Ouest et même du Sud-Sud-Ouest au cap Lizard et sur les côtes de Bretagne, tandis qu'ils soufflent du Nord en Irlande; la rotation de l'air dans ces régions s'exécute donc autour d'un point B, qui est le centre d'une dépression secondaire.

Il est nécessaire d'insister sur ces mouvements secondaires; leur action, pour s'exercer sur une étendue moindre, n'en est pas moins très énergique en certains cas. Ainsi ce petit tourbillon naissant, du 1er janvier 1879, marche vers l'Est; le 2 janvier, à 8^h du matin, il se trouve transporté en Belgique, et le vent du Nord souffle en tempête depuis Dunkerque jusqu'à Cherbourg.

Mais c'est principalement au point de vue des avertissements agricoles que la considération des dépressions secondaires acquiert de l'importance : elles amènent généralement des pluies torrentielles et peuvent même en certains cas, comme on l'a vu (*Pl. V* et *VI*) se transformer en dépressions principales.

Il nous reste à indiquer par un exemple les conséquences à tirer des zones de hautes pressions pour la prévision du temps. La dénomination d'*anticyclones,* comme nous l'avons vu, ne paraît pas d'une exactitude absolue en théorie; mais ce terme a l'avantage de résumer simplement un ensemble de phénomènes opposés à ceux qui caractérisent les cyclones.

Pl. XV. — Si l'on examine la Carte du 16 décembre 1879, on voit que dans toute l'étendue couverte par les hautes pressions : 1° la pression croît depuis l'extérieur jusqu'au centre, où elle atteint son maximum; 2° la rotation du vent s'effectue dans le sens direct du mouvement des aiguilles d'une montre; 3° les vents sont faibles ; 4° la température est très basse; 5° le ciel est beau et l'air sec.

Ce sont bien là des propriétés essentiellement différentes de celles qui distinguent les zones de basses pressions; elles en sont pour ainsi dire la contre partie.

Les vents sur l'Adriatique et le golfe de Gênes ne se rattachent pas à l'anticyclone ; influencés par la présence d'une faible dépression que l'on remarque sur la Méditerranée, ils sont dus à la décroissance rapide de la pression entre la Dalmatie et la Sardaigne. De même, les vents qui soufflent dans l'ouest des îles Britanniques et sur la côte de Norvège sont commandés par les faibles pressions qui existent au large sur l'Océan.

En Europe, les anticyclones restent généralement stationnaires pendant plusieurs jours ; en fait, celui qui est figuré sur la *Pl. XV* est venu par l'Océan le 7 décembre 1879 et a persisté jusque dans les derniers jours du mois. Le beau temps les accompagne presque toujours, et c'est surtout lorsque les Cartes présentent cet aspect particulier que se produisent les fortes chaleurs de l'été et les grands froids de l'hiver.

Pl. XVI. — Cette relation de la pression et de la température est principalement marquée pendant la saison froide ; elle apparaît bien nettement sur les Cartes de décembre 1879, où l'on voit les grands froids s'établir et disparaître simultanément avec les hautes pressions. On s'en fera une idée en comparant les cartes des *Pl. XV* et *XVI*, qui donnent la distribution simultanée de la pression et de la température en Europe le 16 décembre 1879 ; les régions où la pression est le plus élevée, l'Autriche, l'Allemagne, le nord et l'est de la

France, etc., sont aussi celles où la température est la plus basse ; et, tandis qu'à Paris même le thermomètre descendait ce jour-là jusqu'à — 20°, la température était de + 6° à + 9° sur la côte de Norvège, + 3° à + 5° sur la mer Baltique, + 1° à Saint-Pétersbourg, + 2° à Moscou.

IV. — État actuel des prévisions.

Ainsi, dans l'état actuel de la Science, la prévision du temps à courte échéance est basée sur la connaissance des propriétés des bourrasques, et sur l'interprétation des signes précurseurs de leur approche ; de plus, il doit être entendu que les avertissements météorologiques, résultats de règles empiriques et d'expérience personnelle, ne sont que des *probabilités*, et n'ont, quant à présent au moins, de valeur que pour un et quelquefois deux jours. D'après les vérifications que le Bureau central demande régulièrement à un certain nombre de ses correspondants les plus autorisés, les avertissements maritimes, portant principalement sur la probabilité de la direction et de la force du vent, réussissent 83 fois sur 100 ; les avertissements agricoles, dont le but est d'annoncer les probabilités de beau temps, de pluie, etc., se confirment seulement 78 fois sur 100. Ces résultats, dont la valeur s'accroît chaque année, sont la justification d'une méthode qui n'a pas encore toute la rigueur scientifique, mais dont l'application rend des services incontestables à nos populations maritimes et agricoles.

Nous n'avons envisagé jusqu'ici que la prévision prochaine, comme conséquence immédiate de l'état de l'atmosphère sur les régions assez limitées, par rapport à la surface générale du globe, dont nous pouvons recueillir chaque jour les renseignements par télégraphe ; mais les prévisions les plus éloignées, à huit ou dix jours d'intervalle, rendraient des services d'une tout autre nature. Cette question présente de nouvelles difficultés et trop d'éléments nous manquent encore qui seraient nécessaires pour la résoudre, mais de grands efforts ont été faits dans cette voie et l'on peut espérer que le problème sera abordé dans un avenir peu éloigné.

Les bourrasques, que nous avons étudiées isolément pour faciliter cette exposition, ne sont pas des événements fortuits qui naissent sans préparation sur un point du globe et promènent ensuite leurs ravages. Elles font partie, au moins dans la plupart des cas, d'un grand courant dit équatorial, qui ramène vers le Nord l'air chaud et humide des régions équatoriales au nord des Açores, et auquel diverses circonstances, telles que la rotation de la Terre, le grand courant marin du gulf-stream et la configuration des côtes, donnent la direction générale du Sud-Ouest au Nord-Est dans une grande partie de l'Atlantique nord.

Le lit général de ce courant est dirigé de l'Ouest

à l'Est dans le nord de l'Europe ; il éprouve une oscillation lente qui ramène au Sud sur l'Angleterre, la Manche et la France, les trajectoires des bourrasques qu'il entraîne, ou les relève vers l'Écosse, l'Islande ou le cap Nord. On voit déjà que, si la marche de ce courant aux différentes saisons était connue, on en pourrait déduire, pour une époque assez éloignée, le caractère probable du temps.

L'une des tentatives les plus connues de prévision à plusieurs jours d'intervalle est celle qui a été entreprise depuis quelques années par un journal américain, le *New-York Herald*. L'administration de ce journal expédie de temps en temps à Londres et à Paris, par le câble transatlantique, des annonces d'arrivée de tempêtes. Ces prévisions sont basées sur l'hypothèse que la plupart des bourrasques qui quittent la côte orientale du continent américain, franchissent l'Atlantique et atteignent l'Europe en des points et à des époques qu'il est possible de déterminer d'avance. L'hypothèse est assurément très ingénieuse et on peut dire qu'elle est conforme à l'ensemble des phénomènes, mais, tout en rendant hommage à des essais dont la Science tire toujours profit, on doit reconnaître que, dans la pratique, ces annonces ne paraissent pas donner tous les résultats promis. Les travaux spéciaux de plusieurs météorologistes, ainsi que les nombreuses Cartes publiées par le *Signal Office* de Washington, montrent qu'en effet un petit nombre des perturbations parties d'Amérique arrivent réellement jusqu'à l'Europe occidentale. Ces bourrasques éprouvent sans doute sur l'immense surface de l'Océan des transformations analogues à celles que l'on peut constater sur les continents, où les observations sont plus nombreuses ; il paraît hasardeux de fixer à l'avance l'époque de leur arrivée, et surtout de préciser les lieux qui sont plus particulièrement menacés. Le succès de ces prévisions est subordonné à l'état de l'atmosphère sur l'Océan et l'Europe, et il serait trop souvent facile d'en montrer l'imperfection en choisissant les époques où l'insuccès a été le plus manifeste. Lorsque le régime des basses pressions est établi dans nos régions, les bourrasques peuvent effectivement y trouver les conditions favorables à leur transport vers l'Europe ; mais si, comme en décembre 1879, par exemple, les hautes pressions prédominent, les perturbations venues d'Amérique sont refoulées vers le Nord, et n'affectent aucunement les côtes de la France ni celles des îles Britanniques.

En étudiant l'*Atlas des mouvements généraux de l'atmosphère,* publié par l'Observatoire de Paris, ainsi que les Cartes plus récentes et plus complètes de M. N. Hoffmeyer, directeur de l'Institut météorologique danois, M. Loomis est arrivé à cette conclusion, que, lorsqu'une dépression quitte la côte des États-Unis, la probabilité qu'elle atteindra l'Angleterre quelque part est seulement de $\frac{1}{9}$; la probabilité pour qu'elle produise une tempête au voisinage d'une côte anglaise est de $\frac{1}{6}$, et la probabilité d'une fraîche brise s'élève à $\frac{1}{2}$.

M. Hoffmeyer a examiné, de son côté, à l'aide de documents plus complets, la marche des perturbations de l'Atlantique. Dans deux périodes qui comprennent ensemble vingt et un mois d'observations, il a constaté que pour les bourrasques venues d'Amérique, 19 sur 34, c'est-à-dire 56 pour 100, ont atteint l'Europe, et, parmi ces 19, 10 seulement, soit en tout 29 pour 100, ont amené des tempêtes. Relativement aux lieux menacés, la probabilité qu'une dépression barométrique partie des États-Unis amènera la tempête en Europe, est de 1 sur 3 pour la Norvège, 1 sur 4 pour les îles Britanniques, 1 sur 7 pour la France et 1 sur 11 pour le Portugal.

D'un autre côté, les tempêtes qui atteignent l'Europe occidentale ne viennent pas toutes de l'Amérique, en sorte qu'un système d'avertissements basé sur les données de ce continent est forcément incomplet. Ainsi, sur 100 dépressions qui abordent l'Europe occidentale :

12 viennent des régions arctiques de l'Amérique ;
47   »   de l'Amérique du Nord et du Canada ;
5   »   des régions tropicales ;
33 sont des minima partiels ou secondaires formés en plein Océan par segmentation des dépressions principales ;
3 se forment spontanément sur l'Océan.

Il résulte de là que la probabilité de succès pour des avertissements venus de l'Amérique seule est d'environ 5o pour 1oo et que, dans tous les cas, la moitié seulement des tempêtes d'Europe peut être annoncée par cette voie; mais on pourrait, d'après M. Hoffmeyer, prévoir presque tous les cas si l'on avait en même temps les renseignements des îles Feroe, de l'Islande, du Groenland et des Açores, et aucune perturbation sérieuse de l'équilibre atmosphérique n'échapperait à notre attention. C'est à l'avenir de résoudre toutes les questions que soulève un pareil projet.

En attendant, des annonces telles que celles du journal américain ont un grand intérêt. Si elles ne se réalisent pas d'une manière absolue, elles ont du moins l'avantage de renseigner les navires en partance de l'Europe pour l'Amérique sur les conditions générales du temps qu'ils peuvent rencontrer pendant leur traversée; ce résultat suffirait à justifier l'entreprise.

Parviendra-t-on à formuler des prévisions pour une longue échéance, à annoncer plusieurs mois d'avance le caractère dominant de chaque saison?

C'est là surtout le genre d'avertissements qui importerait à l'agriculture. Plusieurs météorologistes ont essayé d'aborder cette question; mais le problème général de la circulation de l'atmosphère, avec les modifications de température et d'humidité, et en tenant compte de la distribution des continents et des mers, est le plus complexe et le plus difficile que puisse se proposer la Science. Sans le résoudre dans toute son étendue et pour établir seulement des règles pratiques, il sera peut-être nécessaire d'attendre que le réseau d'observations, déjà considérablement agrandi par l'entente commune des Services météorologiques des deux continents, se soit étendu à tout l'hémisphère nord, aussi bien sur mer que sur terre, et même à la surface entière du globe.

Il faut, en effet, considérer l'atmosphère comme un *ensemble* dont les diverses parties sont dans un état de dépendance réciproque. Il ne semble pas que l'état moyen du globe ait changé d'une manière sensible depuis les temps historiques, de sorte que les phénomènes doivent se reproduire suivant certaines périodes et alterner d'une région à l'autre sur un même hémisphère et d'un hémisphère à l'autre. Ce sont les lois de ces oscillations qu'il faudrait connaître. Pour atteindre un but aussi élevé et donner à l'homme les moyens de se prémunir contre les redoutables effets des forces naturelles, ce n'est pas trop de la collaboration effective de toutes les nations civilisées, de toutes les marines du monde.

FIN.

TABLE DES MATIÈRES.

LÉGENDE POUR LES CARTES.

ÉTAT DU CIEL.		FORCE DU VENT.	
○	beau.	→	nul.
◉	nuageux.	→	faible.
◯	couvert.	→	modéré.
●	pluie.	→	assez fort.
◍	brumeux.	→	fort.
⊕	brouillard.	→	très fort.
✳	neige.	→	violent.
⩍	orage.	→	tempête.

〜   Courbes d'égale pression barométrique (*Pl. I* à *XV*) ou d'égale température (*Pl. XVI*).

++++++++++++   Trajectoires des centres de dépression barométrique.

6418   Paris. — Imp. Gauthier-Villars, quai des Augustins, 55.

PLANCHES.

ÉTAT ATMOSPHÉRIQUE
le 9 Octobre 1878 à 8 h. du matin.

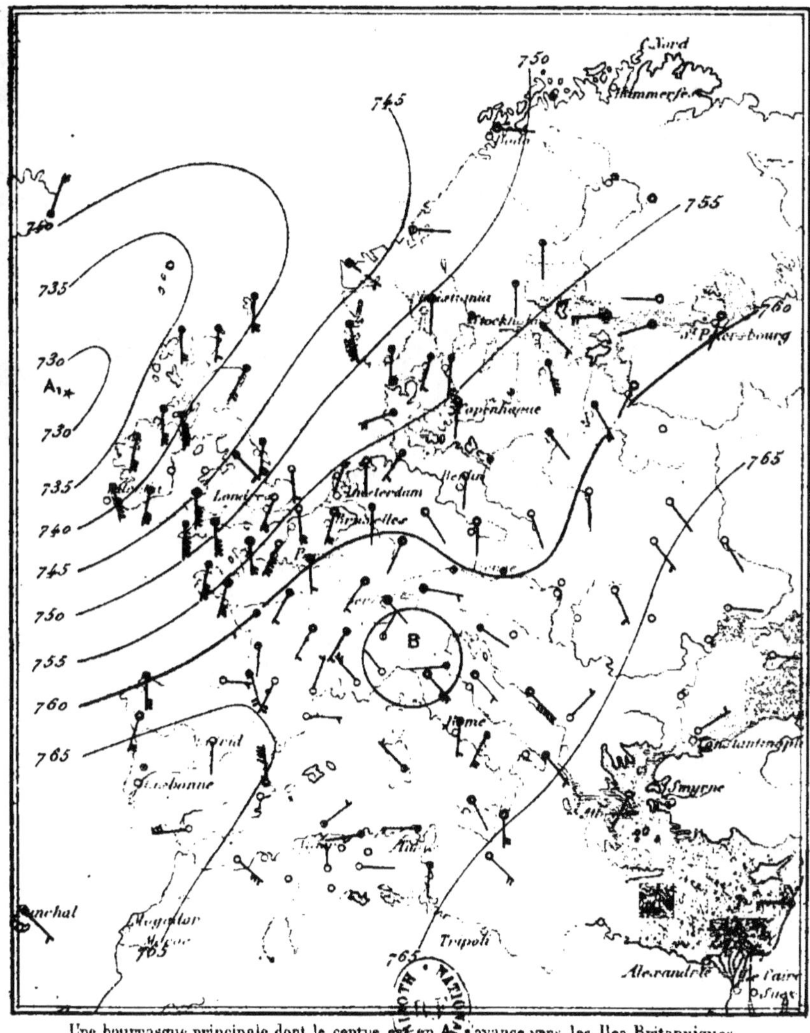

Une bourrasque principale dont le centre est en A, s'avance vers les Iles Britanniques.
Une dépression secondaire B, se forme sur le Golfe de Gênes.

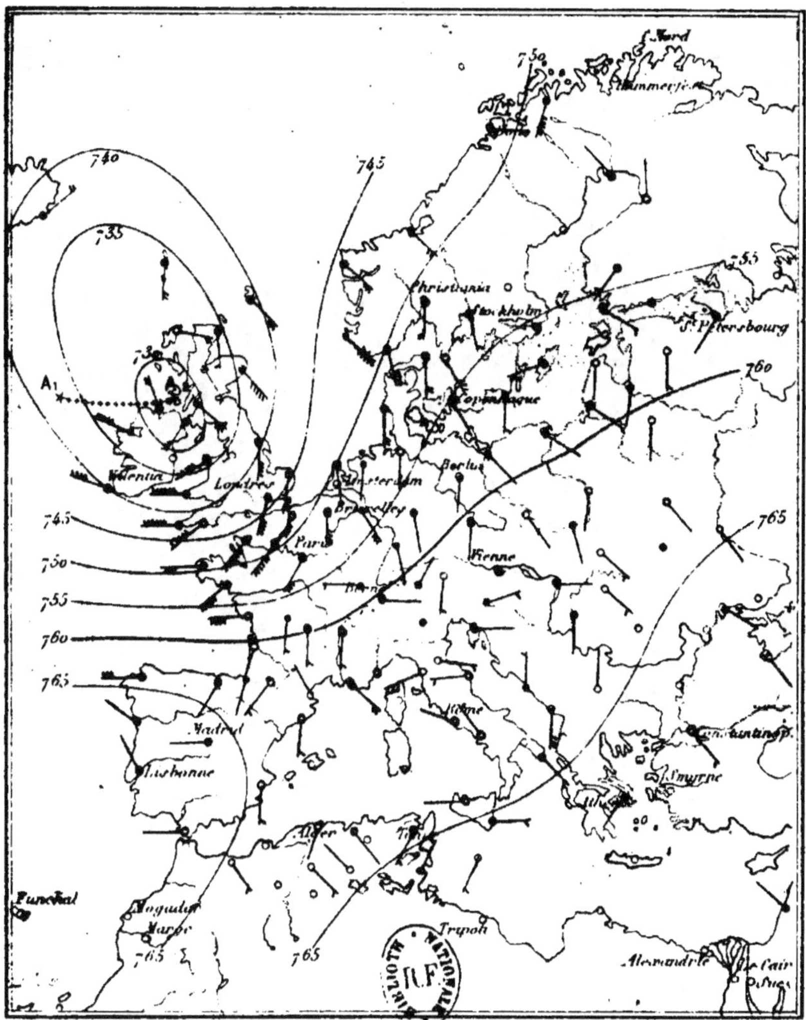

La bourrasque principale s'avance vers l'est, son centre passe au nord de l'Irlande
La dépression secondaire B, a disparu.

ÉTAT ATMOSPHÉRIQUE
le 11 Octobre 1878, à 8ʰ du matin.

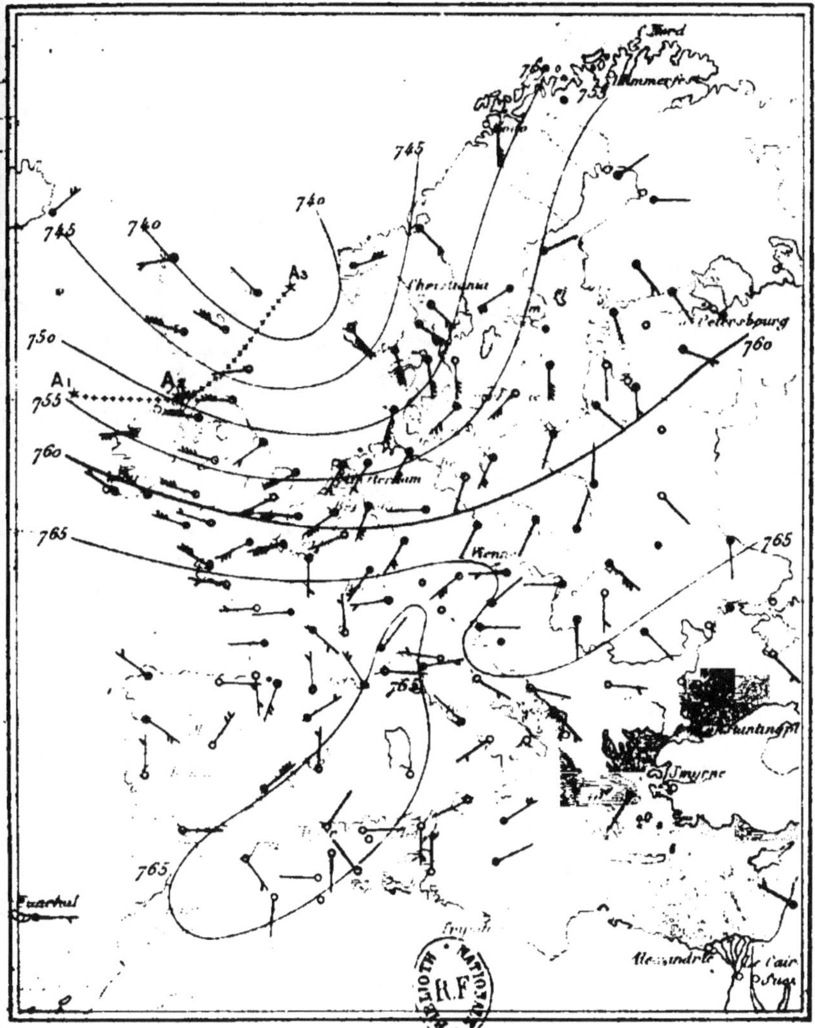

La bourrasque continue sa marche en se relevant vers le nord-est.
Les fortes pressions et le beau temps règnent sur l'Europe méridionale.

ÉTAT ATMOSPHÉRIQUE.
le 12 Octobre 1878, à 8ʰ du matin.

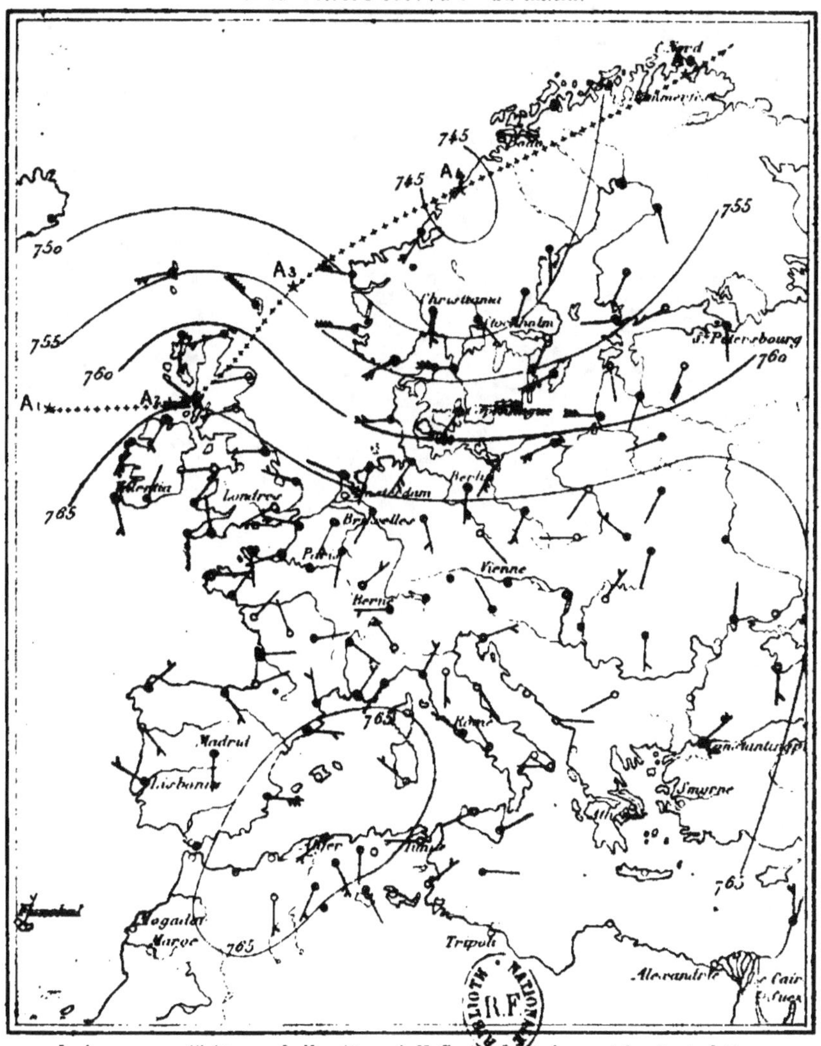

La bourrasque s'éloigne par la Norvège ; mais l'inflexion des isobares et la rétrogradation
des vents au sud en Irlande indiquent l'arrivée d'une nouvelle perturbation.

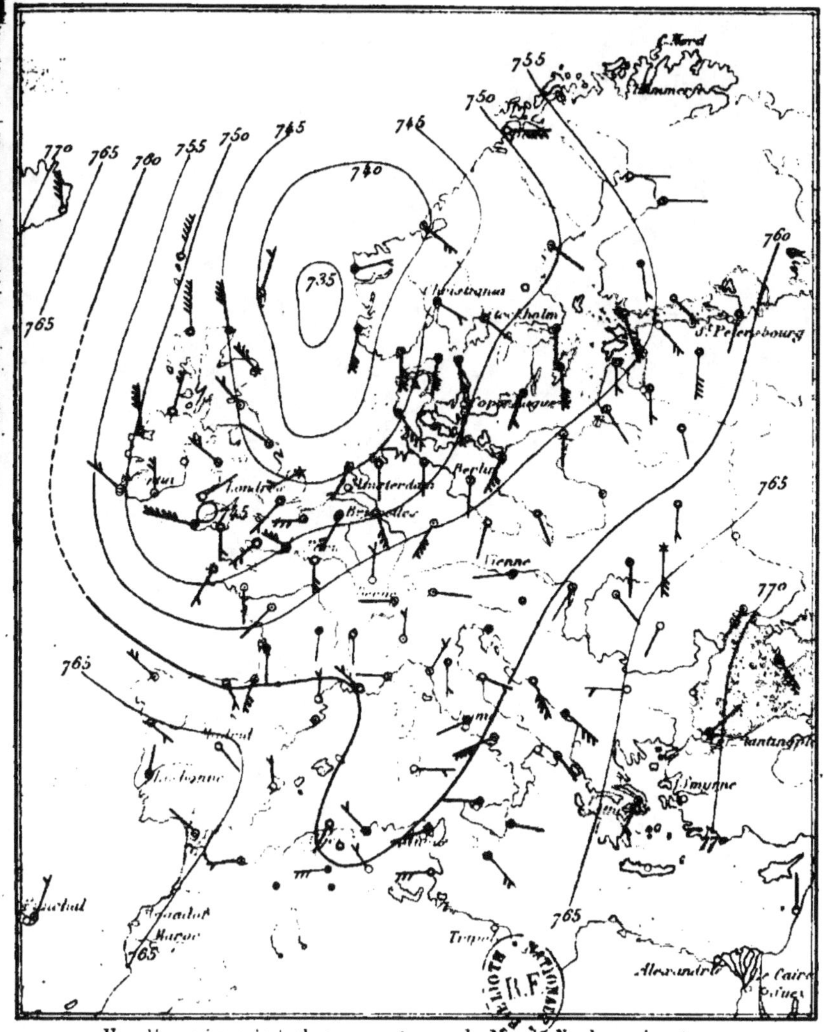

Une dépression principale a son centre sur la Mer du Nord, en même temps
une dépression secondaire se forme au sud-ouest de l'Angleterre.

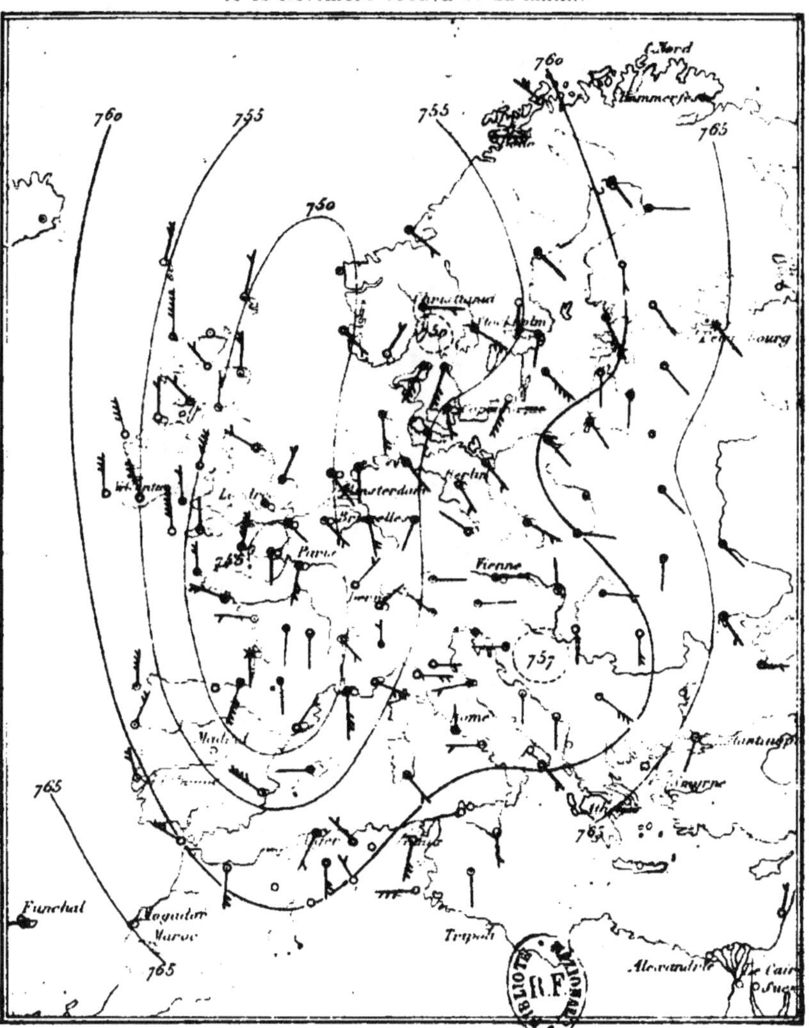

La dépression principale se comble. La dépression secondaire prend plus d'importance ;
son centre est près du Hâvre. On remarque deux autres centres de rotation du vent.

ÉTAT ATMOSPHÉRIQUE
le 14 Novembre 1878, à 8ʰ du matin.

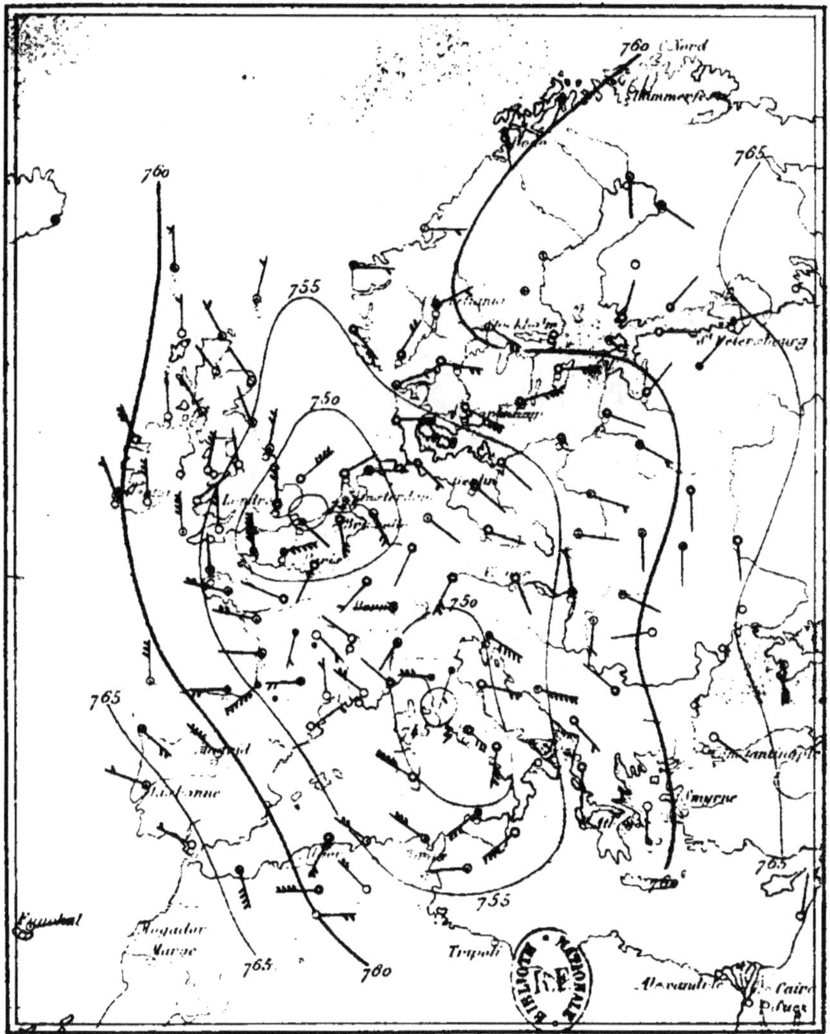

La dépression secondaire se développe ; son mouvement reste très lent . Une seconde
dépression, qui tend à se réunir à la première, a son centre entre la Corse et l'Italie.

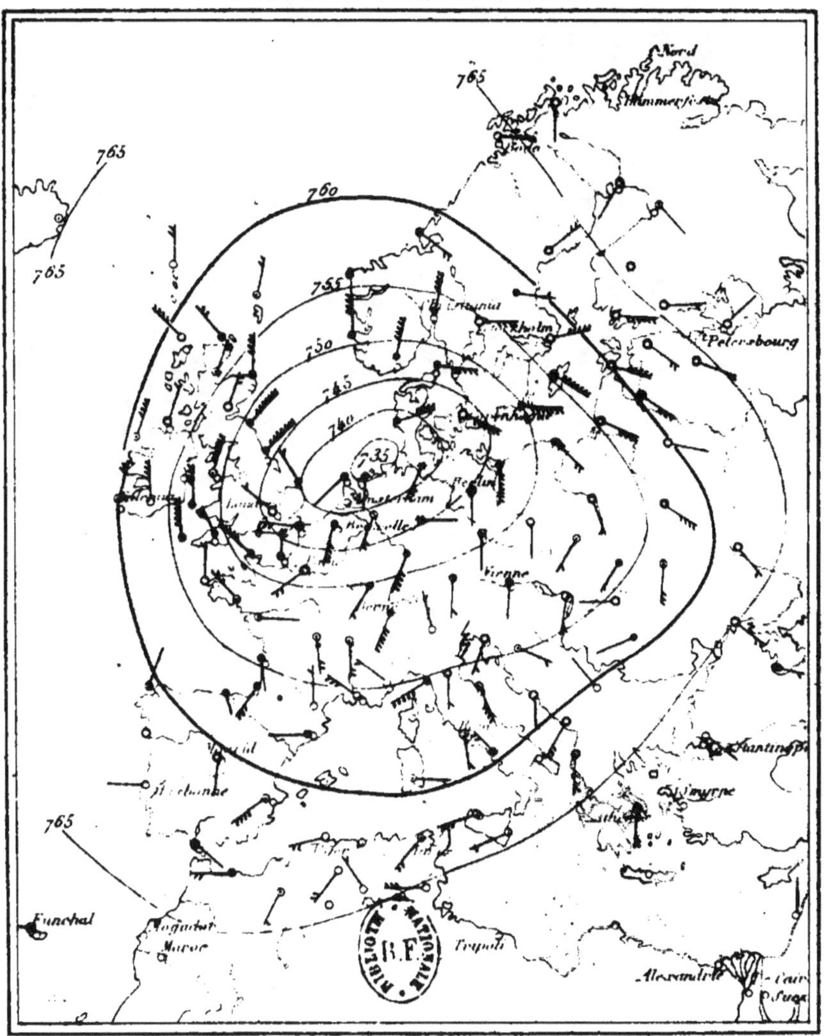

Les deux dépressions se sont réunies ; elles forment un immense cyclone, dont le mouvement
de rotation est très énergique, et dont le mouvement de translation est extrêmement faible.

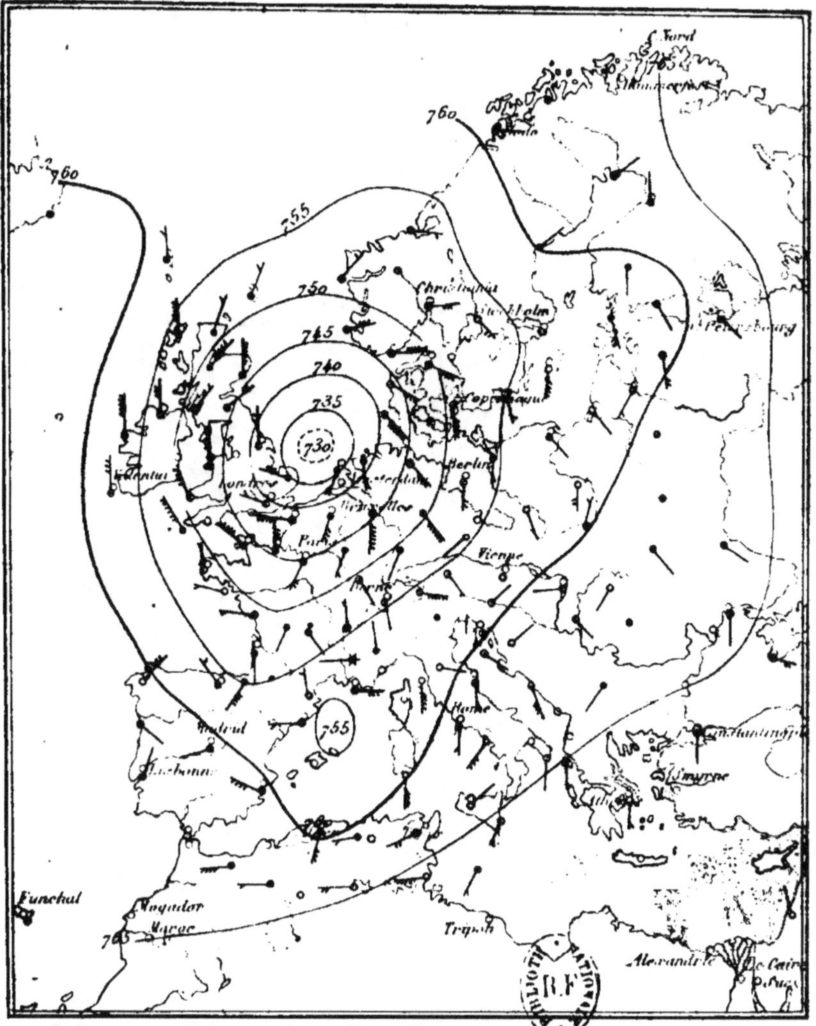

La bourrasque a légèrement rétrogradé vers l'ouest, son centre est sur la Mer du Nord,
non loin de la côte des Pays-Bas; elle s'est encore creusée.

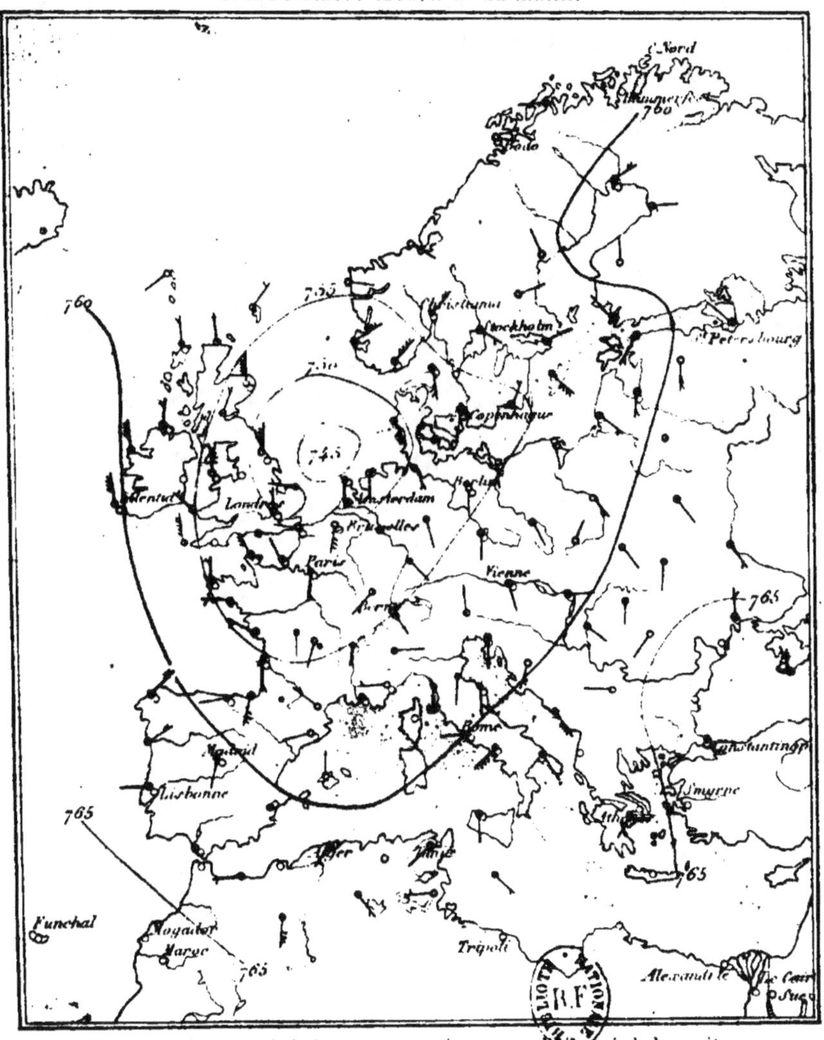

La position du centre de la bourrasque ne s'est pas modifiée, mais le baromètre
est partout en hausse et le vent faiblit : l'équilibre tend à se rétablir.

ÉTAT ATMOSPHÉRIQUE
le 4 Décembre 1879, à 8ʰ du matin.

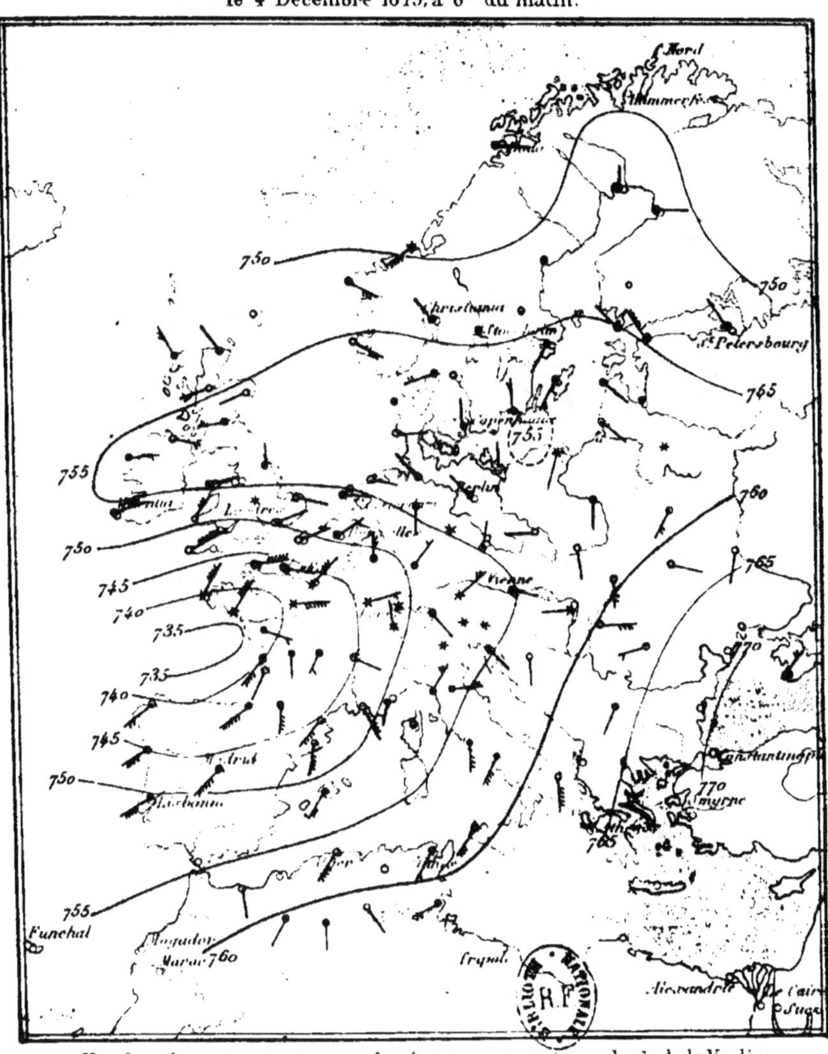

Une forte bourrasque, venue par les Açores, a son centre au large de la Vendée
et menace la France entière.

ÉTAT ATMOSPHÉRIQUE
le 5 Décembre 1879, à 8ʰ du matin.

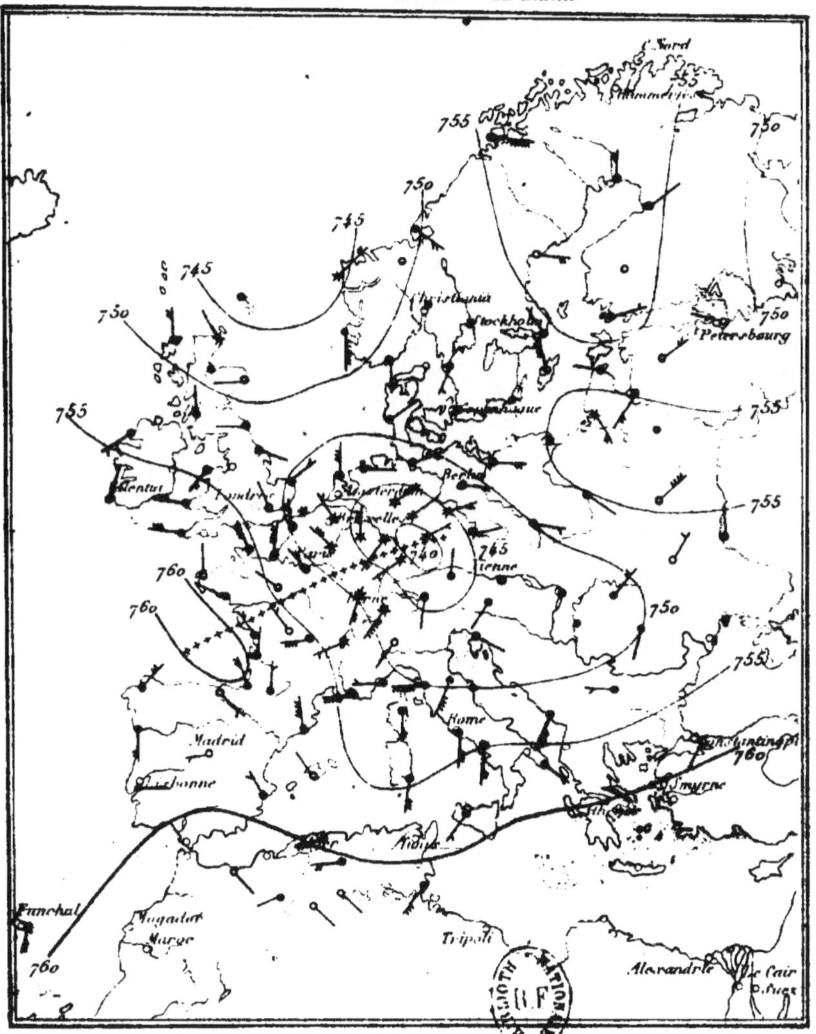

Le centre de la bourrasque a traversé la France ; son passage a été accompagné d'une
tempête de neige

ÉTAT ATMOSPHÉRIQUE
le 1ᵉʳ Janvier 1879, à 8ʰ du matin.

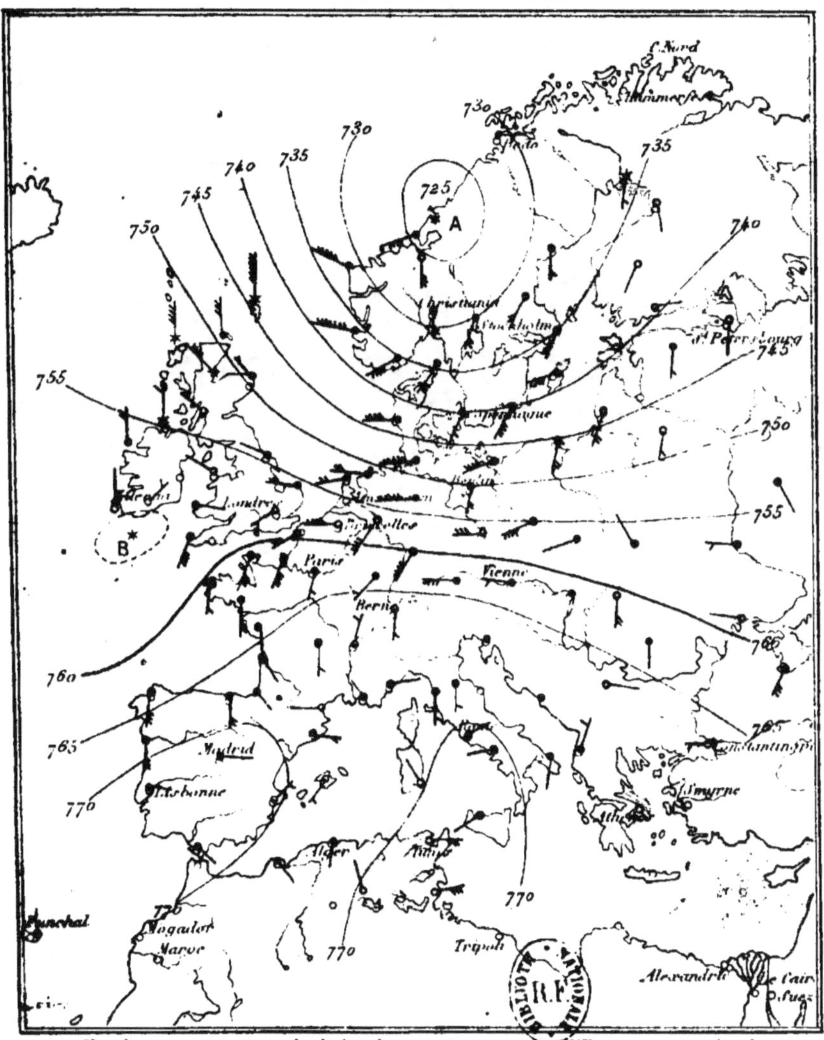

Une bourrasque principale A étend son action sur toute l'Europe septentrionale.
Une bourrasque secondaire B apparait au sud de l'Irlande.

Pl. XV.

ÉTAT ATMOSPHÉRIQUE
le 16 Décembre 1879, à 8ʰ du matin.

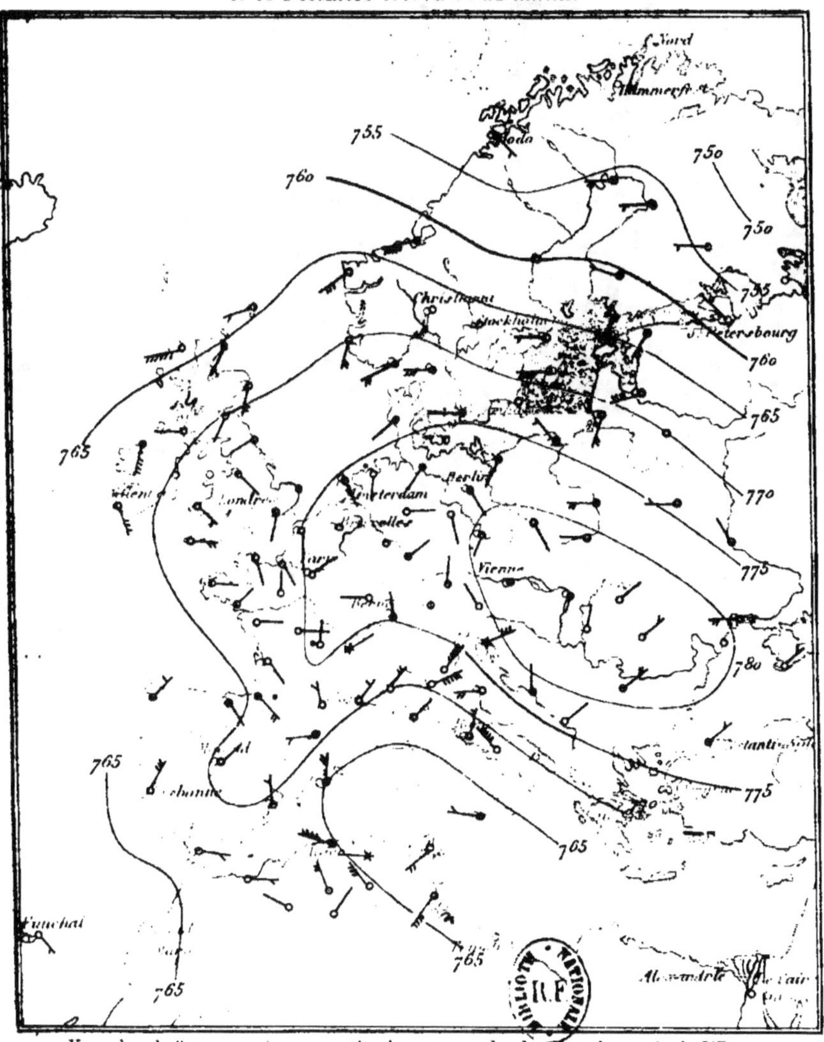

Une zòne de fortes pressions ou anticyclone couvre la plus grande partie de l'Europe.
(*Voir la carte* Pl. XVI)

DISTRIBUTION DE LA TEMPÉRATURE
le 16 Décembre 1879, à 8ʰ du matin.

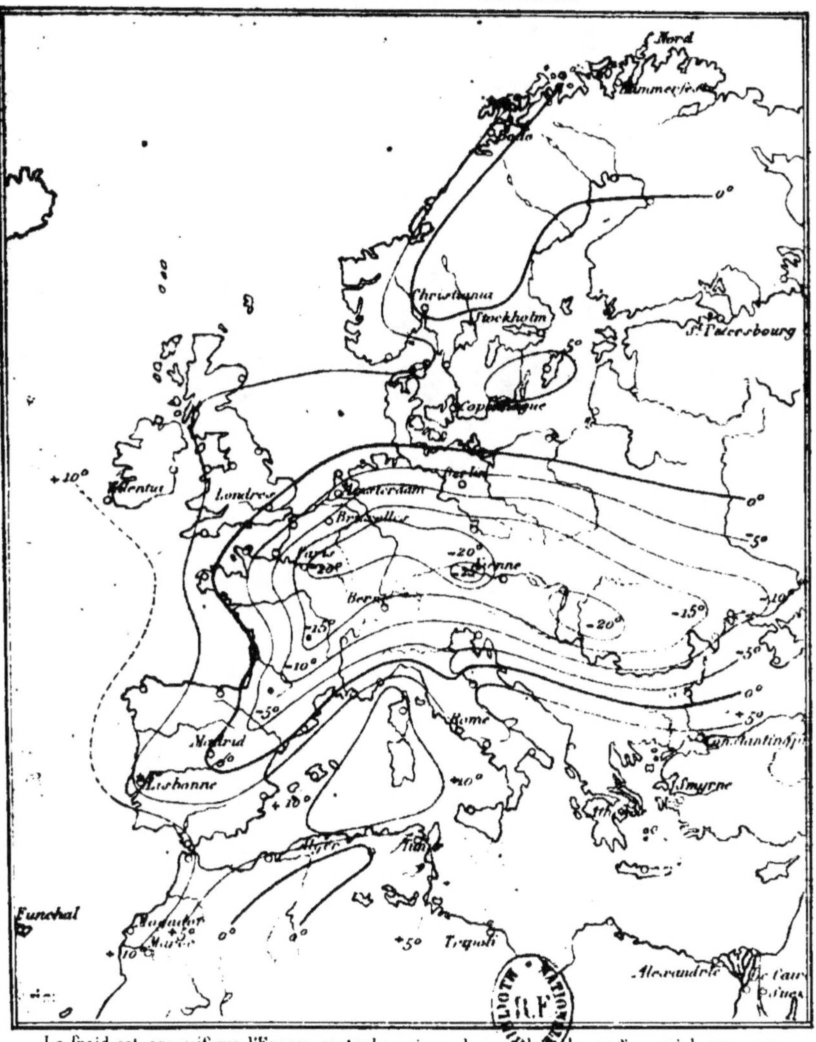

Le froid est excessif sur l'Europe centrale, principalement dans les régions où la pression
est la plus élevée.　　　　　(*Voir la carte* Pl. XV)